Technische Elementar-Mechanik

Grundsätze mit Beispielen aus dem Maschinenbau

Von

Dipl.-Ing. Rudolf Vogdt

Professor an der Staatlichen Höheren Maschinenbauschule in Aachen
Regierungsbaumeister a. D.

Zweite
verbesserte und erweiterte Auflage

Mit 197 Textfiguren

Springer-Verlag Berlin Heidelberg GmbH

1922

ISBN 978-3-642-53327-3   ISBN 978-3-642-53367-9 (eBook)
DOI 10.1007/978-3-642-53367-9

Vorwort zur ersten und zweiten Auflage.

Auf den nachstehenden Blättern sind die für angehende Maschinentechniker wichtigsten Grundsätze und Formeln der technischen Elementar-Mechanik zusammengestellt. Ziel der Arbeit war, möglichste Kürze in der Fassung des Textes mit Übersichtlichkeit des Inhalts, möglichst geringen Umfang des kleinen Buches mit wohlfeilem Preise zu vereinigen.

Bei der Bearbeitung des Stoffes ist in jedem Falle auf die Anwendung im Maschinenbau möglichste Rücksicht genommen. Als Grundlage für das Verständnis sind nur die einfachsten mathematischen Kenntnisse vorausgesetzt. Soweit als möglich sind die benutzten Formeln entwickelt. Stets ist aber als Hauptziel erstrebt, die mechanischen Begriffe klarzustellen. Die Anschaulichkeit ist zu erhöhen gesucht durch weitgehende Anwendung zeichnerischer Ermittelungen und durch Aufnahme vieler einfacher Abbildungen. Zur Förderung des Verständnisses sind viele Beispiele aufgenommen. Die aus denselben berechneten Zahlenwerte sind mit dem Rechenschieber erhalten, erscheinen demnach in vielen Fällen nur abgerundet.

Die vorliegende zweite Auflage erscheint unter verändertem Titel, um diesen schärfer zu unterscheiden von demjenigen des Buches: „Elementare Mechanik als Einleitung in das Studium der theoretischen Physik" von Prof. Dr. Woldemar Voigt, das mir erst nach dem Erscheinen meiner Elementar-Mechanik bekannt geworden war.

In der zweiten Auflage sind erhebliche Umstellungen vorgenommen worden in der Absicht, die Anordnung des Stoffes dadurch zu verbessern.

Es ist die Bewegungslehre an den Anfang gestellt, weil die sichtbaren Bewegungen dem Anfänger leichter verständlich sind als die unsichtbaren Kräfte. Von Anfang an sind zur Veranschaulichung der Funktionsbegriff und die Darstellung in Koordinatensystemen benutzt, um zu der Vorstellung vom Fluß der Kräfte und der Arbeiten in den Maschinen anzuleiten. Aus dem gleichen Grunde sind an verschiedenen Stellen auch nach Sankey die Streifendiagramme, die für die Aufstellung von Wärmebilanzen in der Technik seit langer Zeit üblich sind, auch für die Veranschaulichung von Arbeitsvorgängen, mechanischen Wirkungsgraden und Energieumwandlungen benutzt worden. Die Zahl der Abbildungen ist erhöht. Auch bei der Darstellung technischer Anordnungen ist, um die Kraftwirkungen möglichst deutlich hervortreten zu lassen, nur ein Schema gegeben und bauliche Ausführungen sind nur vereinfacht angedeutet. Für die liebenswürdige Überlassung mehrerer im Text bezeichneter Abbildungen aus dem für die Einführung in die Technik vorzüglich geeigneten Buche: „Technisches Denken und Schaffen" von G.v.Hanffstengel danke ich auch an dieser Stelle dem Herrn Verfasser, dessen Darstellungsart die Zusammenhänge so besonders anschaulich macht.

In der Festigkeitslehre ist an verschiedenen Stellen auf die Formänderung näher eingegangen. Einige Federberechnungen sind aufgenommen. Für die gefällige Übermittlung von Zahlenwerten über Versuche mit Federn habe ich der Gußstahlfabrik Friedrich Krupp in Essen und den Westfalenstahlwerken in Bochum zu danken.

In der Dynamik ist neben anderem der Abschnitt über Schwungräder erweitert und ein Abschnitt über den Massenausgleich nach Schlick aufgenommen.

Auch die Hydraulik ist an mehreren Stellen um technisch allgemein Wichtiges erweitert.

Bei den Rechnungen ist dort, wo es vorteilhaft erschien, mit der Summation kleiner Größen gearbeitet. Absichtlich ist die Anwendung der Integralrechnung vermieden, um den Charakter des Buches als Elementarbuch zu wahren. Die vorkommenden Formeln sind dann geometrisch oder analytisch für den jeweiligen Bedarf in einfacher Weise abgeleitet.

Möge das Buch auch in der vorliegenden Fassung manchem Anfänger den Weg weisen können in das Gebiet der technischen Mechanik und zu weiteren Studien anregen!

Aachen, im November 1921.

Rudolf Vogdt.

Inhaltsverzeichnis.

Einleitung.

Aufgabe der Mechanik.

Kräfte und deren Wirkungen.

Mechanik ist die Lehre von den Kräften und den Wirkungen der Kräfte auf die Körper und deren Bewegungen. Die maschinentechnische Mechanik untersucht diese Zusammenhänge an den Maschinen. Jede Änderung einer Bewegung ist durch Kräfte verursacht. Bewegt sich ein Körper geradlinig und legt hierbei in jeder folgenden Sekunde einen größeren Weg zurück als in der voraufgegangenen, so wirkt eine Kraft in Richtung der Bewegung. Das Umgekehrte ist der Fall, wenn eine Kraft der Bewegung entgegenwirkt. Jede Änderung der Bewegungsrichtung ist durch eine quer zu dieser wirkende Kraft erzeugt. Die äußeren auf einen Körper wirkenden Kräfte rufen zwischen den Materialfasern innere Kräfte und am ganzen Körper Formänderungen, also Bewegungen der kleinsten Stoffteile hervor.

In der Mechanik und damit auch in den auf nachstehenden Blättern behandelten Rechnungen sind außer einigen Verhältniszahlen alle Werte benannte Größen. Die Benennungen haben ausschlaggebende Bedeutung. Die Richtigkeit eines Ergebnisses kann stets dadurch nachgeprüft werden, daß die Benennungen beider Seiten einer Gleichung miteinander verglichen werden, z. B.:

$$\mathrm{cm} = \frac{\mathrm{kg} \cdot \mathrm{cm}^3}{\dfrac{\mathrm{kg}}{\mathrm{cm}^2} \cdot \mathrm{cm}^4}$$

$$\mathrm{cm} = \mathrm{cm}.$$

Alle zeichnerischen Untersuchungen wie Geschwindigkeits- und Kräftepläne bekommen ihren Wert erst durch Wahl und Angabe der Maßstäbe.

I. Bewegungslehre und Kennzeichnung von Bewegungen.

Eine Bewegung ist gekennzeichnet durch Angabe
1. des Ausgangspunktes,
2. der Richtung,
3. des in einer bestimmten Zeit zurückgelegten Weges.

Der in der Zeiteinheit von einem bewegten Körper zurückgelegte Weg heißt dessen Geschwindigkeit, wenn in allen gleichen Teilen der Zeiteinheit gleiche Wegstrecken durchmessen werden. Als Zeiteinheit gilt in der technischen Mechanik gewöhnlich die Sekunde, doch auch die Minute oder die Stunde. Benennung der Geschwindigkeit meistens m/sk, bei Kranen auch m/min, bei Eisenbahnen km/st. Die Bahn des bewegten Körpers kann eine Gerade, eine gebrochene Linie oder eine Kurve sein.

1. Gleichförmige Bewegung.

In gleichen Zeiten werden gleiche Wege zurückgelegt. Die Geschwindigkeit bleibt die gleiche. Mit der Geschwindigkeit v wird dann in t Sekunden der Weg

$$s = v \cdot t$$

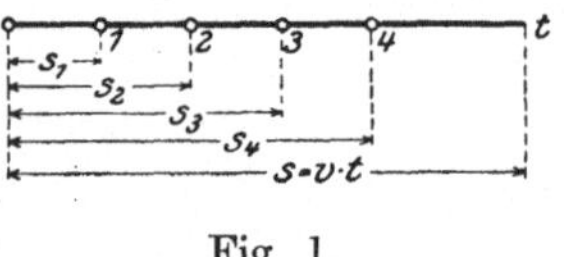

Fig. 1.

zurückgelegt. In der Fig. 1 bezeichnen s_1, s_2, s_3 usw. die Länge der in 1, 2, 3 sk zurückgelegten Wege. Die Linie ist die Bahn, auf der die einzelnen Stationen, die nach Ablauf der bezeichneten Zeiten erreicht werden, bezeichnet sind. Hierbei ist aber noch nicht ersichtlich, ob auch während jeder einzelnen Sekunde die Bewegung gleichförmig erfolgt.

Der Verlauf des Vorganges ist zu veranschaulichen durch Einzeichnen eines Zeit - Weg - Diagramms (Fig. 2) in ein Parallel-Koordinaten-System. Auf einer wagerechten Linie, der „Abszissen-achse" werden in einem beliebigen aber anzugebenden Maßstabe die veränderlichen Zeiten t als „unabhängig Veränderliche" angegeben. Es sei z. B. angenommen, daß 1 mm einer Sekunde entsprechen, d. h. 1 sk bildlich vorstellen soll. Dann ist der hier gewählte Zeitmaßstab 1 mm = 1 sk. In den einzelnen Zeitpunkten werden auf Parallelen zur „Ordinatenachse", hier auf Senkrechten in

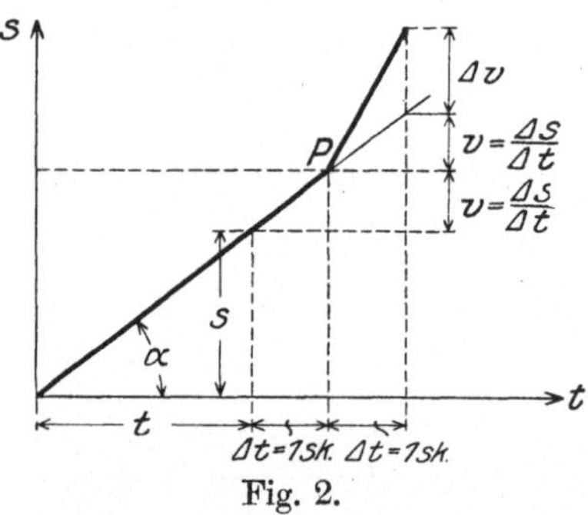

Fig. 2.

einem anderen Maßstabe, dem Längenmaßstabe, die jeweils zurückgelegten Wege s aufgetragen. Zum Beispiel Längenmaßstab 1 : 1000, d. h. 1 mm der Zeichnung entspricht dem Wege von 1 m der Wirklichkeit. Die Verbindungslinie der einzelnen Endpunkte ergibt eine durch den Koordinaten-Anfangspunkt gehende ansteigende Gerade. Diese zeigt, daß die zurückgelegten Wege im gleichen Verhältnis wie die verflossenen Zeiten anwachsen. Die Geschwindigkeit

$$v = \frac{s}{t} = \frac{\Delta s}{\Delta t} = \operatorname{tg} \alpha$$

ist die trigonometrische Tangente des Winkels zwischen der Verbindungslinie der gewonnenen Punkte und der Zeitachse.

Δt bezeichnet in der Figur einen kleinen Zeitraum, Δs bezeichnet den während dessen zurückgelegten Weg. Wenn $\Delta t = 1$ sk angenommen wird, bezeichnet Δs die Geschwindigkeit. Hinter dem Punkte P wächst die Geschwindigkeit in 1 sk um den Betrag Δv.

Anwendung des Zeit-Weg-Diagramms in den graphischen Eisenbahnfahrplänen[1]) (Fig. 3). Hieraus ersichtlich: Durchfahren der Station B, Anhalten der Züge auf den Stationen C und D, Kreuzung zweier Züge I und II, Abnahme der Geschwindigkeit des Zuges I vor der Station D[2]). Zug I fährt von A nach E, Zug II von E nach A.

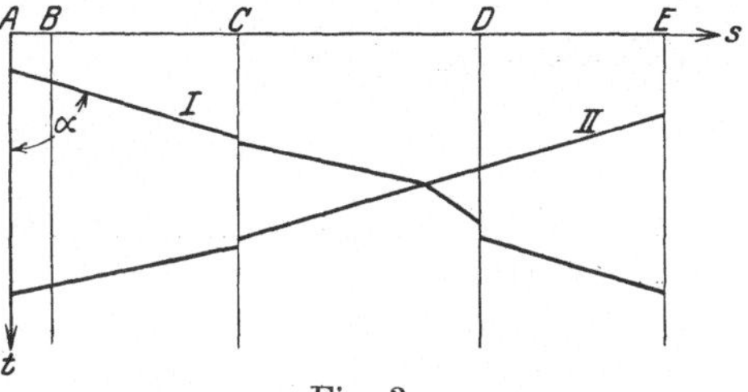

Fig. 3.

Bei der Auftragung des Zeit-Weg-Diagramms in Polarkoordinaten ist die unabhängig Veränderliche, die sog. Amplitude, der Winkel φ, der von dem Anfangsstrahle r aus gemessen wird. Letzterer dreht sich um den Pol O des Systems. Gleichmäßige Drehung dieses Radiusvektor vorausgesetzt geben demnach die Winkel direkt ein Bild der seit dem Anfang der Bewegung abgelaufenen Zeiten. Die zurückgelegten Wege sind radial als Verlängerungen von r aufgetragen. Eine Rolle, die um den Winkel φ im Sinne I um O sich gedreht hat, hat sich hierbei nach der Fig. 4 um s_φ von O entfernt.

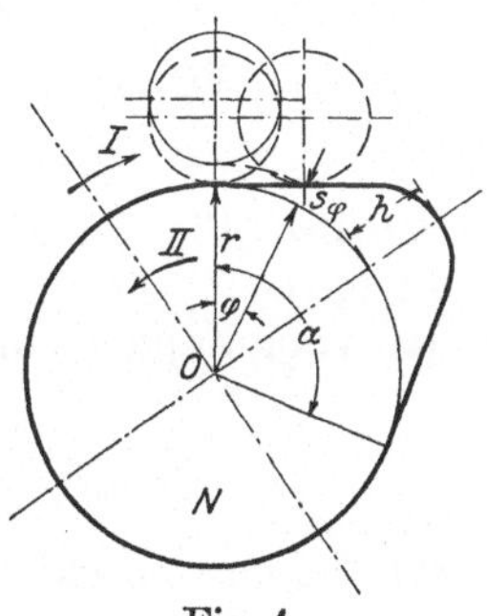

Fig. 4.

Technische Anwendung findet dieses System in gewisser Abänderung in den Nockenscheiben, die bei der Steuerung der Motoren gebraucht werden. Hierbei ist die entsprechende Zeit-Weg-Kurve als Profil des

---

[1]) Das Diagramm ist gegen das vorige um $90°$ gedreht.
[2]) Nach S e u f e r t: Bau und Berechnung der Verbrennungskraftmaschinen. Verlag von Julius Springer, Berlin.

Nockens in Stahl ausgearbeitet. Es dreht sich aber die Kurve, hier also die Scheibe N, und zwar im Sinne II. Dann hebt sich die Rolle R des Steuerhebels um s_φ, wenn die Scheibe sich um φ dreht. h ist hierbei der größte Hub der Rolle bei einer Scheibendrehung um $\dfrac{\alpha}{2}$.

Im Zeit-Geschwindigkeits-Diagramm (Fig. 6) entsprechen wieder die Abszissen den Zeiten, die Ordinaten den jeweiligen Geschwindigkeiten. Bei der gleichförmigen Bewegung ist der zurückgelegte Weg

$$s = v\,t$$

in Benennungen:

$$m = \frac{m}{\mathrm{sk}} \cdot \mathrm{sk}$$

dargestellt durch die Fläche eines Rechtecks von der Grundlinie t und der Höhe v.

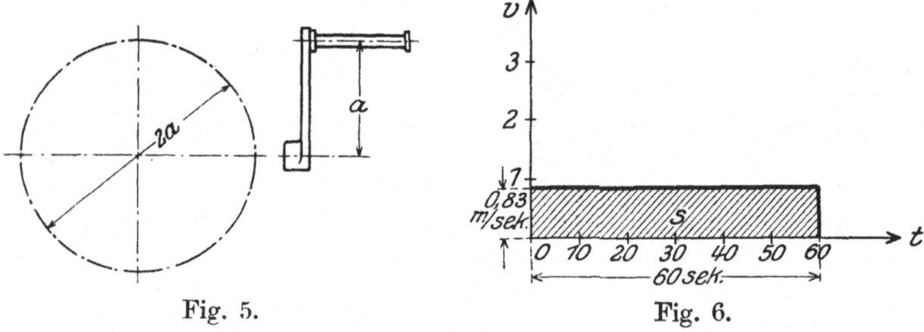

Fig. 5.   Fig. 6.

Beispiel. Fig. 5 und 6. Der Kurbelzapfen einer Handkurbel von der Länge $a = 400$ mm macht in der Minute $n = 20$ Umläufe. Dann ist der vom Zapfen zurückgelegte Weg

$$s = 2\,a\,\pi\,n,$$

$$s = 0{,}8 \cdot 3{,}14 \cdot 20 = \sim 50 \text{ m}.$$

Die Geschwindigkeit des Kurbelzapfens ist

$$v = \frac{s}{t} = \frac{50}{60} = 0{,}83 \text{ m/sk}.$$

Beispiel. Ein Laufkran legt in 1 min einen Weg $s = 120$ m zurück. Dann ist seine Geschwindigkeit:

$$v = \frac{120}{60} = 2 \text{ m/sk}.$$

2. Ungleichförmige Bewegung.

Die Geschwindigkeit ändert sich.

Die (augenblickliche) Geschwindigkeit eines ungleichförmig bewegten Körpers ist derjenige Weg, den der Körper in 1 sk zurücklegen würde, wenn er von dem betrachteten Augenblick an seinen Bewegungszustand beibehalten würde.

a) Beschleunigte Bewegung.

Die Geschwindigkeit nimmt zu. Beschleunigung p ist die Zunahme der Geschwindigkeit während 1 sk.

Nach Fig. 7 ist

$$p = \frac{v - c}{t}.$$

Benennung: m/sk².

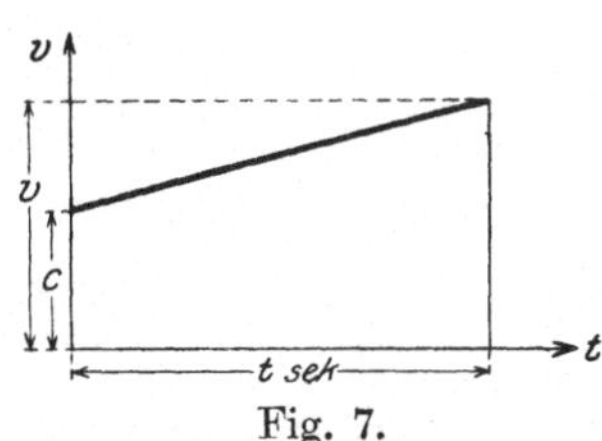

Fig. 7.

Fig. 8.

Gleichförmig beschleunigte Bewegung.

Die Beschleunigung bleibt die gleiche. Bei dem freien Fall wächst die Geschwindigkeit in jeder Sekunde um g. Beginnt die Bewegung mit der Anfangsgeschwindigkeit $c = 0$, so ist nach t Sekunden die Endgeschwindigkeit

$$v = g\,t.$$

Der hierbei zurückgelegte Weg ist wieder durch die Fläche des Zeitgeschwindigkeitsdiagramms (Fig. 8) dargestellt:

$$h = \frac{t}{2} \cdot g\,t = \frac{g\,t^2}{2},$$

$$h = \frac{v \cdot t}{2} = \frac{v^2}{2\,g}.$$

Es folgt

$$v = \sqrt{2\,g\,h}$$

$$g = 9{,}81 = \curvearrowright 10 \ \text{m/sk}^2.$$

Beispiel. Nach einer Fallzeit $t = 10$ sk ist

$$v = 9{,}81 \cdot 10 = 98{,}1 \ \text{m/sk},$$

$$h = \frac{9{,}81 \cdot 100}{2} = 490{,}5 \ \text{m},$$

Ungleichförmig beschleunigte Bewegung.

Die Beschleunigung nimmt zu oder ab (Fig. 9). Bei dem Anfahren von Eisenbahnzügen und elektrischen Kranen ist die Anfangsbeschleunigung am größten und nimmt im Verlaufe des Anfahrens ab.

Die größte Beschleunigung ist $\dfrac{2\,v}{t}$. Die Geschwindigkeitskurve steigt nach einer Parabel an.

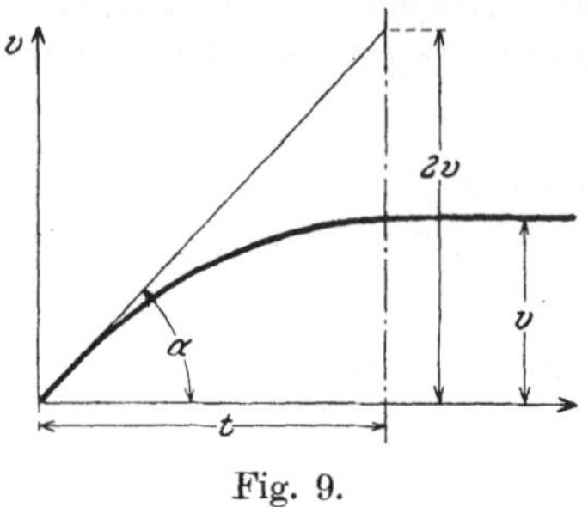

Fig. 9.

Beispiel. Ein Förderkorb wird in $t = 10$ sk auf die Geschwindigkeit $v = 12$ m/sk gebracht. Dann ist die mittlere Anfahrtsbeschleunigung:

$$p = \tfrac{12}{10} = 1{,}2 \text{ m/sk}^2.$$

b) Verzögerte Bewegung.

Die Geschwindigkeit nimmt ab. Verzögerung ist die Abnahme der Geschwindigkeit während 1 sk.

Benennung: m/sk².

Gleichförmig verzögerte Bewegung.

Die Verzögerung bleibt die gleiche. Geht die Anfangsgeschwindigkeit v_1 stetig in t_2 Sekunden in die Endgeschwindigkeit v_2 über, so beträgt die Verzögerung:

$$p = \frac{v_1 - v_2}{t_2}.$$

Ein Beispiel für gleichförmig verzögerte Bewegung gibt der senkrechte Wurf nach aufwärts. Hier ist die Verzögerung g (Fig. 10). Bei der Anfangsgeschwindigkeit v_1 ist die Geschwindigkeit nach t_2 Sekunden

$$v_2 = v_1 - g\,t_2.$$

Wenn $v_1 = g\,t_2$, dann ist $v_2 = 0$. Dann hat der geworfene Körper den höchsten Punkt erreicht.

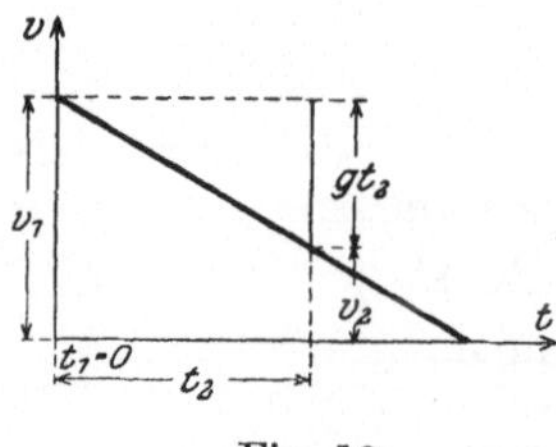 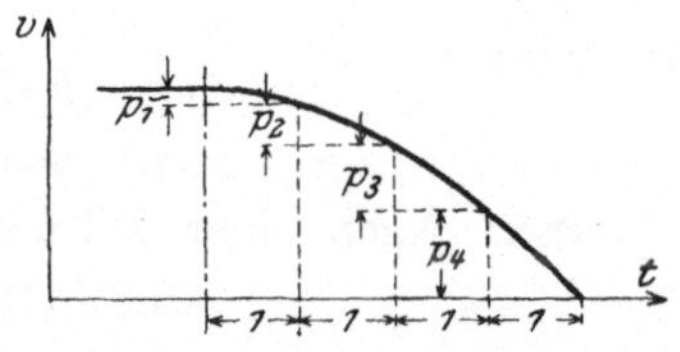

Fig. 10.   Fig. 11.

Ungleichförmig verzögerte Bewegung.

Die Verzögerung p nimmt zu oder ab.

Fig. 11. Bei Eisenbahnschnellzügen ist die anfängliche Bremsverzögerung $p = \sim 0{,}7$ m/sk². Die Verzögerung am Ende $p = \sim 2$ m/sk².

Beispiel. Ein mit der Geschwindigkeit $v_1 = 10$ m/sk fahrendes Automobil wird gebremst und erreicht in $t = 3$ sk die Geschwindigkeit $v_2 = 5$ m/sk. Dann ist die mittlere Verzögerung des Wagens:

$$p = \frac{10 - 5}{3} = 1{,}67 \text{ m/sk}^2.$$

3. Zusammensetzung von Bewegungen.

a) Gleichgerichtete Bewegungen.

Jede Geschwindigkeit ist darstellbar durch eine Linie von bestimmter Lage, Länge und Richtung.

Ein Schiff fährt mit der Geschwindigkeit u. Auf dem Schiffe bewegt sich ein Mann in der gleichen Richtung mit der Eigengeschwindigkeit w. Dem Ufer gegenüber hat der Mann dann die Geschwindigkeit:

$$c = u + w.$$

Beispiel. Fig. 12. Ein Dampfschiff fährt mit der Geschwindigkeit $u = 7$ m/sk. Auf dem Schiffe bewegt sich ein Mann mit der Geschwindigkeit $w = 1$ m/sk. Der Mann hat, wenn er in der Fahrtrichtung geht, die Absolutgeschwindigkeit:

$$c = 7 + 1 = 8 \text{ m/sk}.$$

Fig. 12.   Fig. 13.

b) Entgegengesetzt gerichtete Bewegungen.

Auf dem mit der Geschwindigkeit u fahrenden Schiffe geht ein Mann mit der Eigengeschwindigkeit w vom Bug nach dem Heck des Schiffes (Fig. 13). Dem Ufer gegenüber hat der Mann jetzt die Geschwindigkeit:

$$c = u - w.$$

Für $u = w$ ist $c = 0$, d. h. der Mann bewegt sich nicht gegenüber dem Ufer.

Wenn der Mann (siehe voriges Beispiel) sich entgegen der Fahrtrichtung bewegt, hat er die Absolutgeschwindigkeit:

$$c = 7 - 1 = 6 \text{ m/sk}.$$

c) Bewegungen, deren Richtungen einen beliebigen Winkel miteinander einschließen.

Parallelogramm der Geschwindigkeiten.

Ein Körper, der auf einem anderen bewegten Körper fortschreitet, führt gleichzeitig 2 Bewegungen aus, die beide gemeinsam die Gesamtbewegung ergeben.

Auf einem mit der Geschwindigkeit u fahrenden Laufkran bewegt sich die Katze mit der Geschwindigkeit w (Fig. 14). Die geometrische Zusammensetzung beider Geschwindigkeiten ergibt diejenige Geschwindigkeit c, mit der die Katze in der Werkstatt fortschreitet.

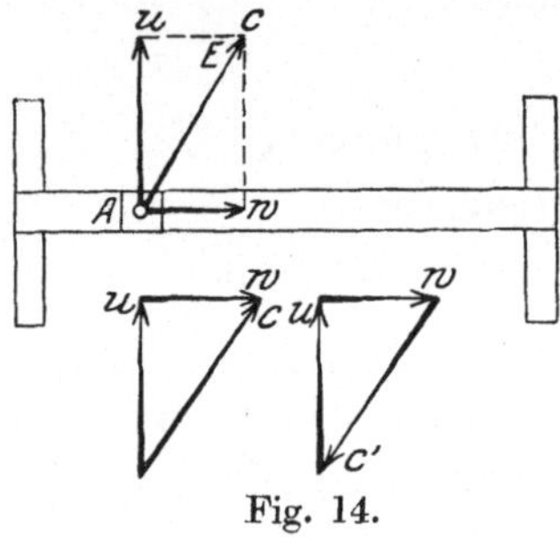

Fig. 14.

u heißt die Systemgeschwindigkeit,
w „   „   Relativgeschwindigkeit,
c „   „   Absolutgeschwindigkeit.

Die Absolutgeschwindigkeit ist Diagonale in dem Parallelogramm, dessen Seiten die Systemgeschwindigkeit und die Relativgeschwindigkeit vorstellen.

Die Katze kommt in einer Sekunde von A nach E, wenn sie gleichzeitig die Geschwindigkeiten u und w oder nur die Geschwindigkeit c besitzt. Würde der Kran sich auf einem Schiffe befinden, das gleichzeitig mit der Geschwindigkeit $c' = c$ in der entgegengesetzten Richtung verholt wird, so würde die Katze im Raum in Ruhe bleiben.

Wenn während der Bewegungen von Kran und Katze am Haken eine Last gehoben wird, so setzen sich 3 Bewegungen im Raume zusammen.

Drei Geschwindigkeiten, deren Richtungen sich im Raume schneiden, ergeben eine Absolutgeschwindigkeit, deren Größe durch

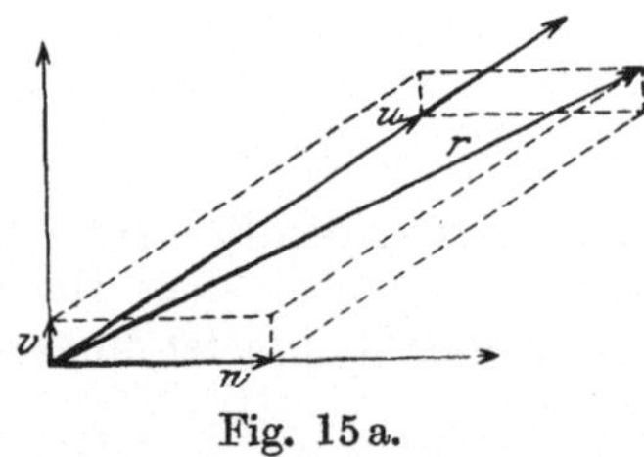

Fig. 15 a.

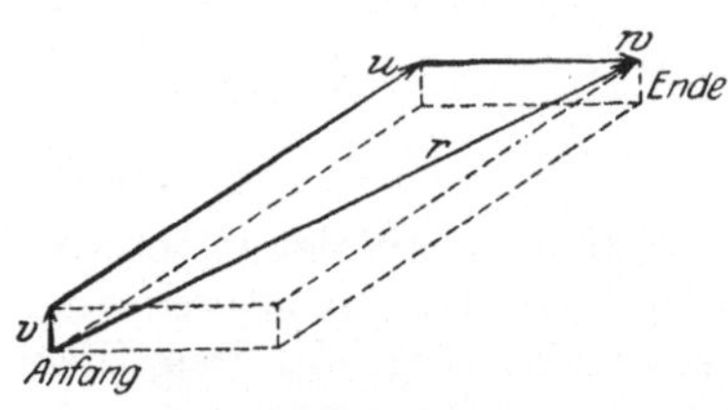

Fig. 15 b.

die Körperdiagonale r dargestellt ist, wenn die Kanten des Körpers den einzelnen Geschwindigkeiten entsprechen (Fig. 15 a). Falls die Einzelgeschwindigkeiten wie bei einem Laufkran senkrecht aufeinanderstehen, folgt

$$r = \sqrt{u^2 + v^2 + w^2}\,.$$

Man erhält den Endpunkt der Gesamtbewegung, wenn man die Teilbewegungen geometrisch der Größe und Richtung nach an einander reiht (Fig. 15 b).

Beispiel. Fig. 16. Mit der Geschwindigkeit $c = 6$ m/sk fließt das Wasser dem Laufrade einer Turbine unter dem Winkel $\alpha = 20°$ zu. Das Turbinenrad hat an der Eintrittsstelle die Umfangsgeschwindigkeit $u = 4$ m/sk. Die Turbinenschaufel muß an der Eintrittsstelle parallel sein zu der aus dem Parallelogramm erhaltenen Relativgeschwindigkeit $w = 2,6$ m/sk.

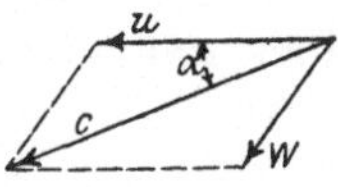

Fig. 16. Maßstab: 1 mm = 0,26 m/sk.

Die Absolutgeschwindigkeit ist Diagonale in dem Parallelogramm, dessen Seiten die Systemgeschwindigkeit und die Relativgeschwindigkeit sind.

4. Umfangsgeschwindigkeit und Winkelgeschwindigkeit.

Umfangsgeschwindigkeit.

Irgendein Punkt des Umfanges einer Riemscheibe (Fig. 17) vom Durchmesser d legt bei einer Umdrehung der Scheibe den Weg

$$\pi \cdot d$$

zurück. Der von diesem Punkt in 1 sk zurückgelegte Weg heißt seine Umfangsgeschwindigkeit u. Bei n minutlichen Umdrehungen der Scheibe ist:

$$u = \frac{\pi \cdot d \cdot n}{60}.$$

Bei derselben Umgangszahl hat ein Punkt am Wellenumfang die Umfangsgeschwindigkeit:

$$u_1 = \frac{\pi \cdot d_1 \cdot n}{60}.$$

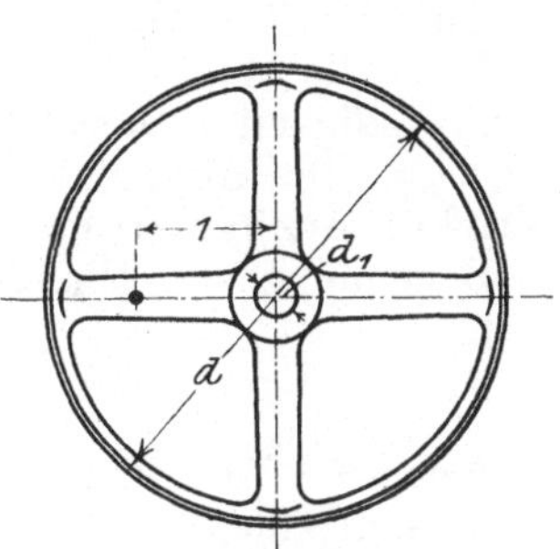

Fig. 17.

Folglich:

$$\frac{u}{u_1} = \frac{d}{d_1}.$$

Bei einem umlaufenden Körper haben dessen einzelne Teile verschiedene Umfangsgeschwindigkeiten.

Beispiel. Riemscheibe vom Durchmesser $d = 500$ mm läuft mit $n = 50$ Umdrehungen in der Minute. Ihre Umfangsgeschwindigkeit ist:

$$u = \frac{3,14 \cdot 0,5 \cdot 50}{60} = 1,31 \text{ m/sk}.$$

Die Welle hat $d_1 = 50$ mm Durchmesser. Ein Punkt am Wellenumfang hat die Umfangsgeschwindigkeit:

$$u_2 = 0{,}131 \text{ m/sk.}$$

Winkelgeschwindigkeit.

Ein im Abstande 1 von der Drehachse befindlicher Punkt $\mathfrak{P}$, z. B. einer umlaufenden Riemscheibe, hat die Umfangsgeschwindigkeit:

$$u_1 = \frac{2 \cdot \pi \cdot 1 \cdot n}{60},$$

$$= \frac{\pi \cdot n}{30}.$$

Für einen Punkt im Abstande r ist:

$$u = \frac{2\,r \cdot \pi \cdot n}{60}.$$

Das Verhältnis:

$$\frac{u}{r} = \frac{\text{Umfangsgeschwindigkeit}}{\text{Abstand von der Drehachse}} = \omega = \frac{\pi \cdot n}{30}$$

ist für alle Punkte desselben umlaufenden Körpers das gleiche. Es heißt die Winkelgeschwindigkeit. Ändert sich die Winkelgeschwindigkeit, so heißt deren Zunahme in 1 sk Winkelbeschleunigung. Die Abnahme der Winkelgeschwindigkeit pro 1 sk heißt Winkelverzögerung.

Benennung der Winkelgeschwindigkeit:

$$\frac{m}{\text{sk}} \cdot \frac{1}{m} = \frac{1}{\text{sk}}.$$

Beispiel. Die Welle des vorigen Beispieles hat die Winkelgeschwindigkeit:

$$\omega = \frac{3{,}14 \cdot 50}{30} = 5{,}23 .$$

5. Bewegung des Kurbelgetriebes.   Fig. 18.

$r =$ Kurbellänge,
$s = 2\,r =$ Hub (Durchmesser des Kurbelkreises),
$n =$ Umgangszahl in der Minute,
$l =$ Länge der Schubstange.

Kolbenwege. Fig. 18a.

1. Bei unendlicher Schubstangenlänge.

Der Kolbenweg x ist, nur beeinflußt von der Kurbelbewegung, gleich dem Wege, den der Kurbelzapfen parallel zur Achse der

Kolbenstange zurücklegt. Die Schubstange schwingt nicht, sondern bleibt sich parallel.

Einfache Kurbelschleife:

$$x = r\,(1 - \cos\alpha).$$

2. Bei endlicher Schubstangenlänge l.

Der Kolbenweg ist durch die Drehungder Kurbel und durch die Schwingung der Schubstange beeinflußt.

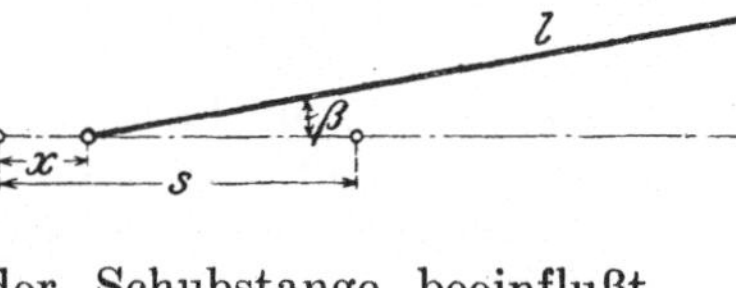

Für den Hingang des Kolbens vom Zylinder zur Kurbelwelle:

$$x = r\,(1 - \cos\alpha) + l\,(1 - \cos\beta)\,.$$

Für den Rückgang des Kolbens:

$$x = r\,(1 - \cos\alpha) - l\,(1 - \cos\beta)\,,$$

$$r \sin\alpha = l \sin\beta\,,$$

$$\frac{r}{l} = \lambda\,.$$

Allgemein:

$$x = r\,(1 - \cos\alpha) \pm l\left[1 - \sqrt{1 - (\lambda \sin\alpha)^2}\right]$$

oder den Wurzelwert des zweiten Gliedes nach dem binomischen Lehrsatz entwickelt angenähert:

$$x = r\,(1 - \cos\alpha) \pm \frac{r^2}{2\,l}\sin^2\alpha\,.$$

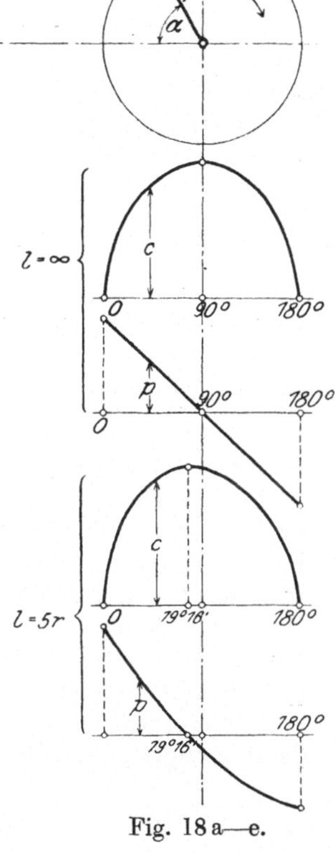

Fig. 18 a—e.

Hierbei gilt das obere Vorzeichen für den Hingang, d. h. Bewegung des Kolbens nach der Kurbelwelle hin, das untere für den Rückgang:

$$x_{\max} = 2\,r = s = \text{Hub}\,.$$

Bei dem Hingang hat der Kolben für $\alpha = 90°$ die Hubmitte bereits überschritten, bei dem Rückgang hat er die Hubmitte noch nicht erreicht.

Geschwindigkeiten.

Geschwindigkeit des Kurbelzapfens:

$$v = \frac{\pi\,s\,n}{60} = \text{const.}$$

Mittlere Kolbengeschwindigkeit:

$$c = \frac{2\,s\,n}{60} = \frac{s\,n}{30}\,.$$

Augenblickliche Kolbengeschwindigkeit entsprechend einem beliebigen Kurbelwinkel α:

$$c = v \sin\alpha \left(1 \pm \frac{r}{l}\cos\alpha\right).$$

Durch Differentiation aus dem augenblicklichen Kolbenwege ermittelt. In den Fig. 18b und 18d sind die Kolbengeschwindigkeiten als Ordinaten zu den Kolbenwegen als Abscissen aufgetragen.

Größte Kolbengeschwindigkeit für unendliche Schubstangenlänge (Fig. 18b) in der Hubmitte:

$$c_{\max} = v,$$

für endliche Schubstangenlänge $l = 5\,r$ (Fig. 18d):

$$c_{\max} = 1{,}02\,v$$

wird erreicht bei dem Hingang für

$$\alpha = 79^\circ\,16',$$

bei dem Rückgang für

$$\alpha = 100^\circ\,44'.$$

Beschleunigungen.

In den Totlagen (Endpunkten des Kolbenweges) ist die Kolbengeschwindigkeit $c = 0$. In dem ersten Teile des Hubes sind also die geradlinig bewegten Triebwerksmassen (Kolben, Kolbenstange, Kreuzkopf und ein Teil der Schubstange) zu beschleunigen bis zu derjenigen Kurbelstellung, bei der die größte Kolbengeschwindigkeit erreicht wird. Hier ist die Beschleunigung $p = 0$. Im zweiten Teile des Hubes wird die Kolbenbewegung verzögert.

Für eine beliebige Kurbelstellung ergibt sich die augenblickliche Beschleunigung aus der Formel:

$$p = \frac{v^2}{r}\left(\cos\alpha \pm \frac{r}{l}\cos 2\,\alpha\right).$$

die durch Differentiation aus der Geschwindigkeitsformel erhalten ist.

Bei $l = \infty$ ist

$$p = \frac{v^2}{r}\cdot\cos\alpha\,,$$

$$p_{\max} = \frac{v^2}{r}$$

in der Hubmitte

$$p = 0\,.$$

Die Beschleunigungen werden sehr hoch. Für $n = 130$ und $s = 600\,\text{mm}$ $\frac{r}{l} = \frac{1}{5}$ ist z. B. $p_{\max} = 66{,}5\,\text{m/sk}^2$.

In Fig. 18c sind die Beschleunigungen als Ordinaten zu den entsprechenden Kolbenwegen als Abszissen für unendlich lange Schubstange in Fig. 18e für die Stangenlänge $l = 5\,r$ aufgetragen.

II. Statik. Lehre vom Gleichgewicht der Kräfte.

Statik ist im strengen Sinne nur die Lehre vom Gleichgewicht der Kräfte an ruhenden Körpern: Die Lehre vom Stillstande.

Ein Körper, auf den keine (unmöglicher Fall) Kraft einwirken würde, würde seinen Bewegungszustand nicht ändern. Dieselbe Wirkung wird erzielt, wenn auf den Körper mehrere Kräfte einwirken, deren Wirkungen sich gegenseitig aufheben. Ein ruhender Körper befindet sich im Gleichgewicht (Fig. 23), ebenso aber auch ein Körper, der sich in gerader Richtung gleichförmig weiter bewegt, d. h. der in gleichen Zeiten gleiche Wege zurücklegt (Beharrungszustand.) Fig. 24.

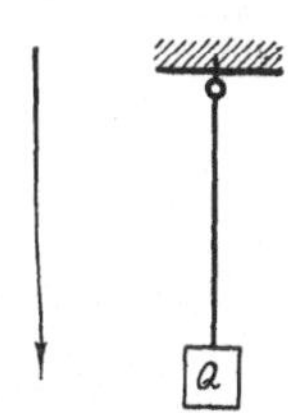

Fig. 19. Fig. 20.

1. Darstellung der Kräfte.

Eine Kraft ist bestimmt durch Angabe:
1. der Größe (g, kg, t),
2. der Lage (des Angriffspunktes),
3. der Richtung.

Größe der Kraft = Länge der Linie, z. B.
1 kg = 1 cm (Kräftemaßstab, der beliebig zu wählen ist).

Lage der Kraft = Lage der Linie.

Richtung „ „ = Richtung, die der Pfeil bezeichnet. Fig. 19.

Die Gerade, in welcher die Kraftlinie liegt, heißt die Wirkungslinie der Kraft. Jede Kraft kann in ihrer Wirkungslinie beliebig verschoben werden. Auf die Öse (Fig. 20) wird die gleiche Kraft ausgeübt, mag das Gewicht Q oben oder unten an dem Seile befestigt sein.

2. Zusammensetzung von Kräften mit gemeinsamer Wirkungslinie.

Die Mittelkraft (Resultierende) R hat die gleiche Wirkung wie die Seitenkräfte (Komponenten) $P_1 P_2$ usw.

Die Bewegungsänderung eines Körpers ist also dieselbe, gleichgültig ob auf ihn die gegebenen Seitenkräfte oder ob die diese ersetzende Mittelkraft einwirkt.

a) Zwei Kräfte haben gleiche Richtung.

$$R = P_1 + P_2.$$

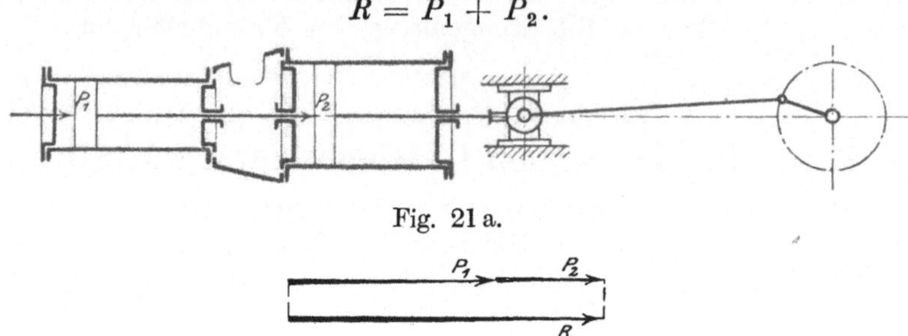

Fig. 21 a.

Fig. 21 b. Kräftemaßstab: 1 mm = 214 kg.

Im Kräfteschema werden die beiden Kräfte zusammengesetzt, indem die zweite Kraft-(Linie) mit ihrem Anfang an das Ende der ersten Kraft-(Linie) angefügt wird. Geometrische Addition.

Beispiel. Bei einer Tandemdampfmaschine treibt die Kraft[1] $P_1 = 4900$ kg den Hochdruckkolben und die Kraft $P_2 = 2600$ kg den Niederdruckkolben. Die gesamte Antriebskraft ist dann (Fig. 21)

$$R = P_1 + P_2,$$
$$= 4900 + 2600,$$
$$= 7500 \text{ kg.}$$

b) Zwei Kräfte haben entgegengesetzte Richtung.

Die Mittelkraft ist:

$$R = P_1 - P_2.$$

NB. P_2 ist im Kräfteschema mit seinem in der Figur rechten Anfangspunkt bis an den Endpunkt von P_1 verschoben zu denken.

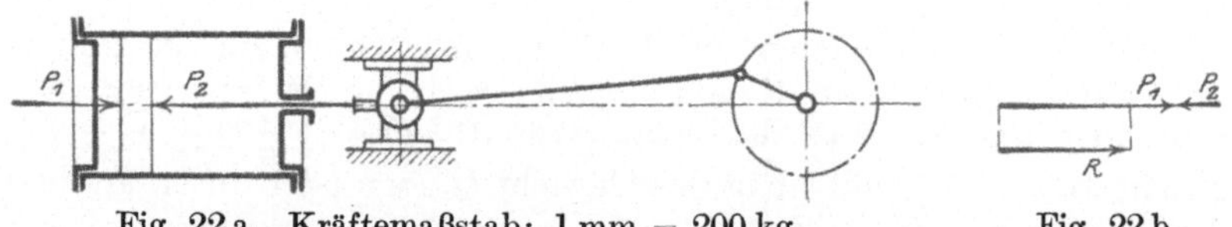

Fig. 22 a. Kräftemaßstab: 1 mm = 200 kg.   Fig. 22 b.
R hat dieselbe Wirkungslinie wie P_1 und P_2.

Die Mittelkraft R wirkt in derselben Linie wie P_1 und P_2 und hat die Richtung der größeren Kraft. R ist nur der Deutlichkeit halber

---

[1]) Zur Bestimmung von P_1 und P_2 siehe nächstes Beispiel.

herausgezeichnet. R ist auch hier erhalten als geometrische Summe von P_1 und $- P_2$.

Beispiel. Auf die Deckelseite eines Dampfkolbens wirkt die Kraft[1] $P_1 = 3200$ kg, auf die Kurbelseite wirkt $P_2 = 800$ kg. (Vgl. Fig. 22.) Welche Kraft R treibt den Kolben?

$$R = P_1 - P_2,$$
$$= 3200 - 800,$$
$$R = 2400 \text{ kg.}$$

Die Kräfte treten stets paarweise auf.

Jeder Kraft entspricht eine gleich große, in derselben Wirkungslinie entgegengesetzt gerichtete Gegenkraft (Reaktion). Die Gegenkraft wird durch die Kraft hervorgerufen. Wirken Kraft und Gegenkraft auf denselben Körper, so befindet er sich im Gleichgewicht.

Bei der Dampfmaschine wirkt der dem Kolbendruck entgegengesetzt gleiche Gegendruck auf den Zylinderdeckel. Folglich wird der Kolben in Bewegung gesetzt und, wenn der Zylinder nicht festgehalten ist, auch der Zylinder. Zittern fahrbarer und Schiffsmaschinen.

3. Gleichgewicht zwischen zwei Kräften.

Zwei gleich große entgegengesetzt in derselben Linie wirkende Kräfte haben die Mittelkraft Null. Sie heben sich gegenseitig auf, sind miteinander im Gleichgewicht. Sie ändern den Bewegungszustand eines Körpers, auf den sie einwirken, nicht. Die geometrische Zusammensetzung solcher Kräfte im Kräfteschema führt auf den

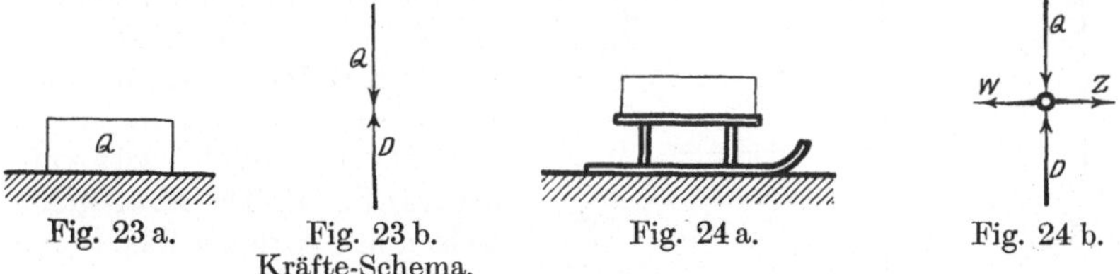

Fig. 23 a.   Fig. 23 b.   Fig. 24 a.   Fig. 24 b.

Kräfte-Schema.

Anfangspunkt zurück, hat also das gleiche Ergebnis, als ob vom Anfangspunkte aus die Kraft-(Linie) Null abgetragen wäre. In den Fig. 23 und 24 sind die Kräfte nicht geometrisch addiert, sondern nur in ihren Richtungen an den Angriffspunkten angegeben.

Beispiel. Last Q auf einer Unterlage (Fig. 23). Der hervorgerufene Gegendruck ist

$$D = Q.$$

---

[1] P_1 und P_2 sind die Mittelkräfte der über die Kolbenflächen beider Seiten verteilten einzelnen Dampfdrücke. Siehe: Mittelkraft vieler Parallelkräfte und Schwerpunkt. II, 12 und 13.

Der Körper bleibt unter der Einwirkung der beiden Kräfte in Ruhe.

Beispiel. Ein Schlitten vom Gewicht $Q = 200$ kg befindet sich in Bewegung (Fig. 24). In dem Lastenschema ist der Schlitten durch einen Punkt angedeutet. Auf den Schlitten wirken die Kräfte:

1. das Eigengewicht Q senkrecht nach unten,
2. der von der Fahrbahn ausgeübte Gegendruck $D = Q$ senkrecht nach aufwärts,
3. der der Fahrtrichtung entgegengesetzte Fahrwiderstand[1]) W,
4. die in der Fahrtrichtung wirkende Zugkraft[2]) $Z = W$.

Die wirksamen Kräfte heben sich paarweise auf. Sie sind miteinander im Gleichgewicht. Mittelkraft $R = 0$.

Die Folge ist, daß der bereits in Bewegung befindliche Schlitten unter der Einwirkung der gegebenen vier Kräfte seine Bewegung unverändert beibehält.

4. Gleichgewicht zwischen drei in verschiedenen Wirkungslinien wirkenden Kräften. Kräftedreieck.

Modellanordnung: Gewichte an Schnüren, die über Rollen geführt sind (Fig. 25). An dem Knotenpunkt O, an welchem die drei Schnüre zusammenlaufen, herrscht z. B. Gleichgewicht, wenn die Gewichte die angeschriebenen Größen besitzen.

Drei an einem Punkte im Gleichgewicht befindliche Kräfte lassen sich zu einem geschlossenen Kräftedreieck zusammensetzen. Die Kraftpfeile weisen alle in demselben Sinne um das Dreieck herum.

Nach S. 15 ist an dem Punkte O nur dann Gleichgewicht möglich, wenn dort zwei gleich große, in derselben Wirkungslinie entgegengesetzt gerichtete Kräfte wirken. Die Kräfte Q_1 und Q_2 können demnach durch eine einzige Kraft ersetzt werden, welche entgegengesetzt gleich ist der Kraft Q_3.

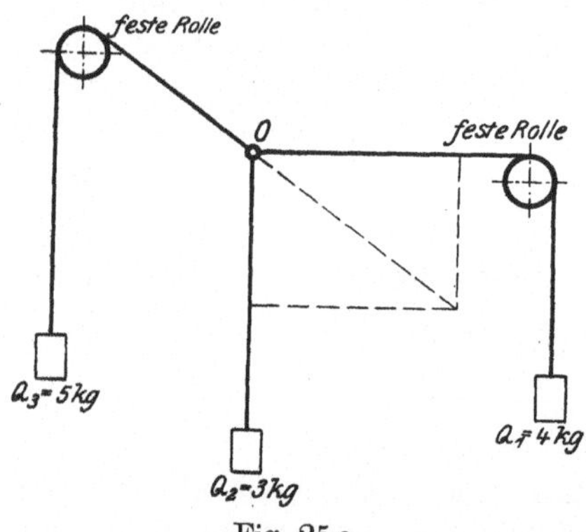

Fig. 25 a.

1) Siehe Reibung. II, 16.
2) Angenommen ist, daß der Schlitten durch ein Windwerk mittels eines auf der Fahrbahn schleifenden Seiles gezogen wird.

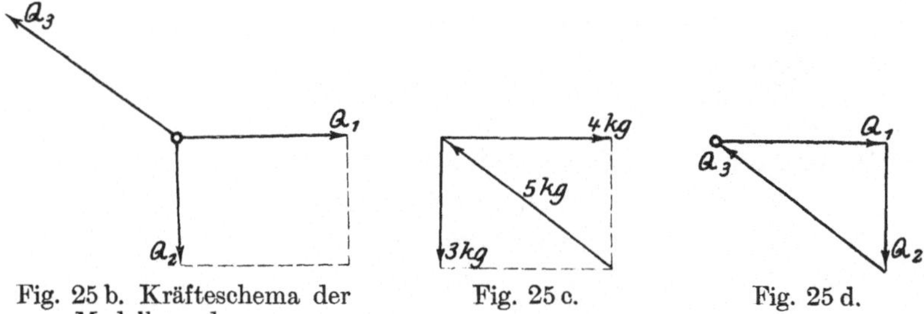

Fig. 25 b. Kräfteschema der   Fig. 25 c.   Fig. 25 d.
Modellanordnung.

5. Parallelogramm der Kräfte.

Zusammensetzung von zwei beliebigen Kräften an demselben Angriffspunkte.

Die Mittelkraft R ist Diagonale des Parallelogramms, dessen Seiten die gegebenen Kräfte P_1 und P_2 sind. Wirken in dem Kräfteparallelogramm die gegebenen Kräfte von dem Angriffspunkte O fort, so wirkt auch die Mittelkraft von diesem fort. Wirken die gegebenen Kräfte nach dem Angriffspunkte hin, so tut die Mittelkraft das gleiche. Fig. 26 a u. b.

Beispiel. An dem Zugseil einer Handramme ziehen zwei Mann mit den Kräften $P_1 = P_2 = 20$ kg. Welche Kraft R wird auf das Zugseil ausgeübt? $R = 33$ kg (Fig. 27).

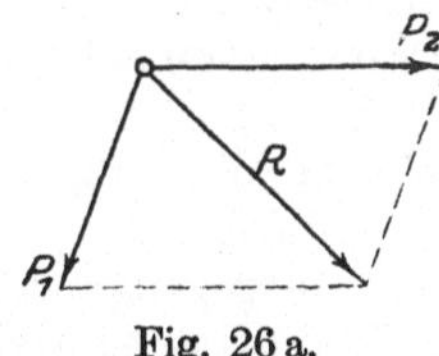

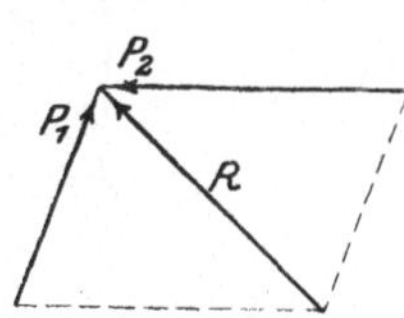

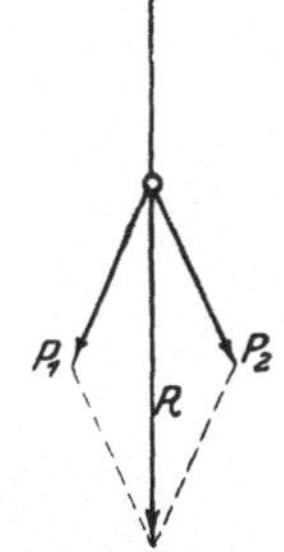

Fig. 26 a.   Fig. 26 b.   Fig. 27. Kräftemaßstab:
1 mm = 1,5 kg.

Zerlegung einer Kraft in zwei gegeneinander geneigte Seitenkräfte.

Beispiel. Die auf den Dampfkolben wirkende Kraft K wird auf den Kreuzkopf übertragen (Fig. 28). Hier kann sie in der ursprünglichen Richtung nicht weiter fließen, sondern übt eine doppelte Wirkung aus:

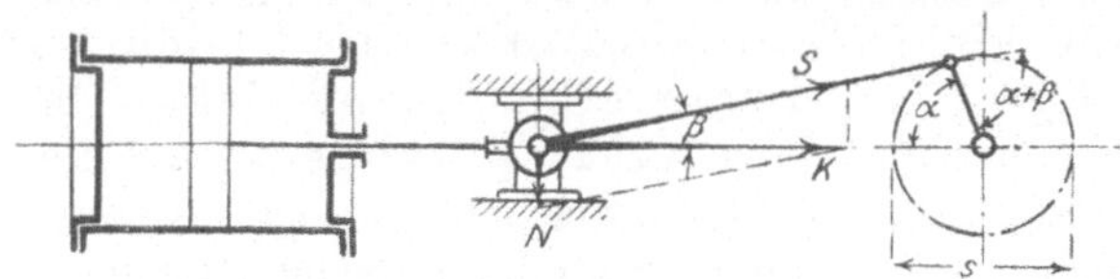

Fig. 28. Kräftemaßstab: 1 mm = 190 kg.

1. in der Richtung der Schubstange wird die Kraft S hervorgerufen,
2. der Kreuzkopf wird mit der Kraft N gegen seine Führung gepreßt.

Die Kraftgrößen ergeben sich aus dem Kräfteparallelogramm, z. B.:

$$K = 4000 \text{ kg.}$$
$$S = 4100 \text{ ,,}$$
$$N = 820 \text{ ,,}$$

oder
$$N = K \operatorname{tg} \beta$$
$$S = \frac{K}{\cos \beta}.$$

6. Gleichgewicht zwischen beliebigen in einer Ebene wirkenden Kräften mit gemeinsamem Angriffspunkte.

An einem Mast, der in Fig. 29 durch den Punkt M im Grundriß angedeutet ist, sind vier Drähte angespannt, die mit den Zugkräften Z_1, Z_2, Z_3, Z_4 auf den Mast wirken. Angenommen ist, daß diese Kräfte im Gleichgewicht sind.

Z_1 und Z_2 werden zu R_1 zusammengesetzt.

Z_3 und R_1 werden zu R_2 zusammengesetzt.

R_2 ersetzt demnach die Käfte Z_1, Z_2 und Z_3 und ergibt die gleiche Wirkung wie diese drei Kräfte.

Z_4 ist entgegengesetzt gleich R_2, ist also mit dieser Kraft im Gleichgewicht.

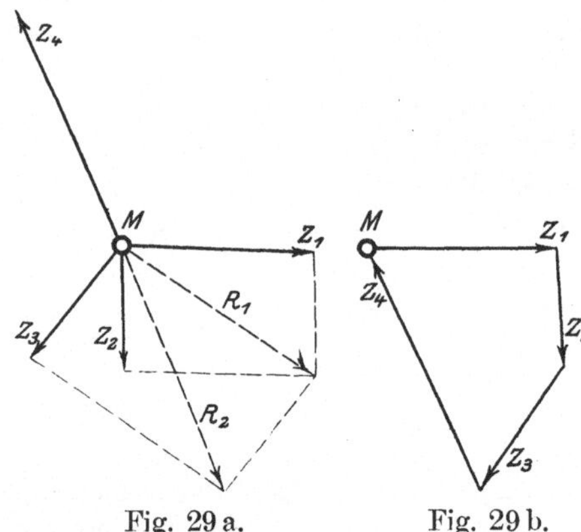

Fig. 29 a.   Fig. 29 b.

Die vier an einem Punkte im Gleichgewicht befindlichen Kräfte Z_1, Z_2, Z_3 und Z_4 lassen sich der Größe und Richtung nach so aneinander zeichnen, daß sie ein geschlossenes Kräfteviereck ergeben. Die Kraftpfeile weisen sämtlich im gleichen Sinne um den Umfang der Figur herum.

Beliebig viele an einem Punkte im Gleichgewicht befindliche Kräfte, die in derselben Ebene wirken, lassen sich zu einem geschlossenen Kräftepolygon zusammensetzen.

Die Erfüllung dieser Bedingung genügt nicht, wenn die Kräfte an verschiedenen Punkten angreifen. Siehe allgemeine Gleichgewichtsbedingungen. II, 10.

7. Hebel. Statisches Moment.

Jeder um eine Achse oder Kante, in der Figur um einen Punkt drehbare Körper ist im Sinne der Mechanik ein Hebel. Die Hebelgesetze sind für die Technik von grundlegender Bedeutung.

Hebelarm = Lot vom Drehpunkt auf die Kraftrichtung.

Statisches Moment = Kraft $\times$ Hebelarm.

Benennung: mkg, cmkg, mt.

Wie bei einer Kraft die Richtung muß bei einem Moment der Drehungssinn — im Uhrzeigersinn oder gegen den Uhrzeiger — bekannt sein.

$$M = P \cdot c$$
$$= P \cdot (a \cdot \cos\alpha).$$

Oder Kraft P am Kurbelzapfen zerlegt:

$$M = (P \cdot \cos\alpha) \cdot a.$$

Die Wirkungslinie der anderen Seitenkraft $P \sin\alpha$ schneidet den Drehpunkt, hat also den Hebelarm Null und besitzt hier kein Moment.

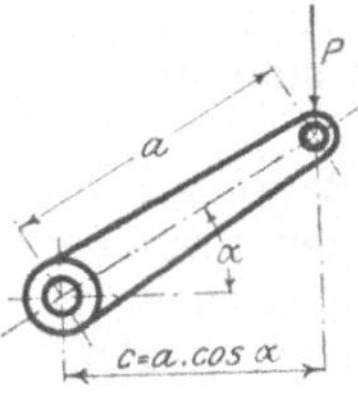

Fig. 30 a.

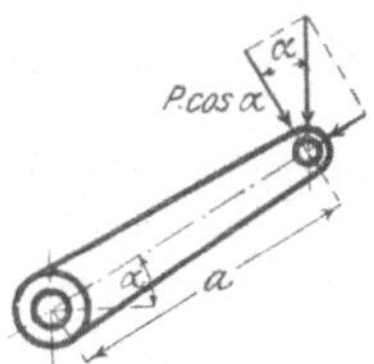

Fig. 30 b.

Beispiel (Fig. 30): $P = 12\,\text{kg}$, $a = 400\,\text{mm}$, $\alpha = 30°$.
$$M = 12 \cdot 400 \cdot 0{,}87$$
$$= 4176\,\text{mmkg}$$
$$= 4{,}176\,\text{mkg}.$$

Auf den Kurbelzapfen drückt die Kraft S. Das an der Kurbel drehende Moment ist daher nach Fig. 28:

$$M = S \cdot r \cdot \sin(\alpha + \beta),$$

$$r = \text{Kurbelhalbmesser} = \frac{s}{2},$$

$$M = \frac{K}{\cos\beta} \cdot r \cdot \sin(\alpha + \beta).$$

Beispiel: $S = 4100\,\text{kg}$, $r = 300\,\text{mm}$, $\alpha = 60°$, $\beta = 10°$.
$$M = 4100 \cdot 0{,}3 \sin 70°,$$
$$\sin 70° = 0{,}94,$$
$$M = 4100 \cdot 0{,}3 \cdot 0{,}94 = 1156\,\text{mkg}.$$

Hebel.

a) Einarmiger Hebel. Kraft (P) und Last (Q) wirken beide vom Drehpunkt (O) aus gerechnet an derselben Seite des Hebels.

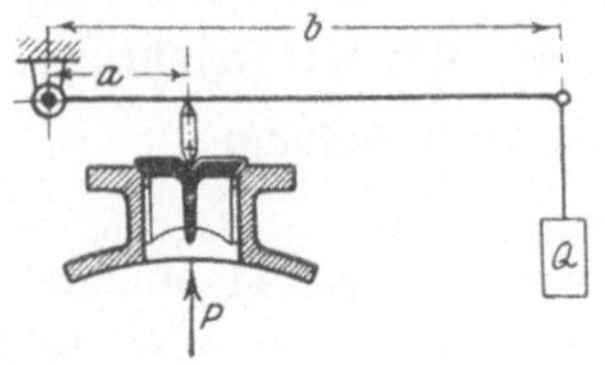

Fig. 31 a.

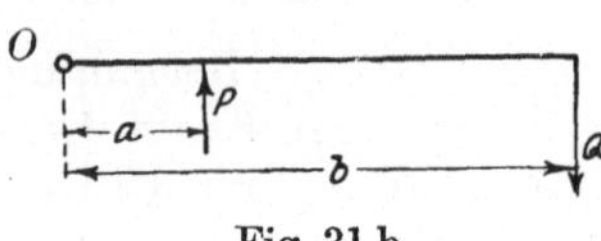

Fig. 31 b.

Beispiel. Sicherheitsventil eines Dampfkessels (Fig. 31). Gleichgewicht ist vorhanden, wenn

$$P \cdot a = Q \cdot b,$$

$$\frac{P}{Q} = \frac{b}{a}.$$

Eigengewichte von Ventil und Hebel sind hier der Einfachheit halber vernachlässigt.

Kraft und Last verhalten sich umgekehrt wie ihre Hebelarme.

Reibungswiderstände sind hierbei wegen der Lagerung des Gestänges in Schneiden praktisch zu vernachlässigen.

b) Zweiarmiger Hebel. Der Drehpunkt liegt zwischen Kraft und Last.

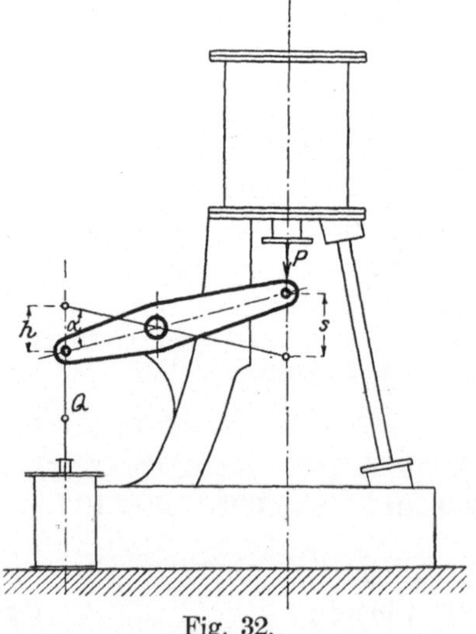

Fig. 32.

Beispiel. Balancier zum Antrieb der Luftpumpe einer stehenden Dampfmaschine (Fig. 32).

Gleicharmiger Hebel: die Hebelarme von Kraft und Last (Widerstand) sind gleich.

Ungleicharmiger Hebel: die Hebelarme von Kraft und Last sind nicht gleich.

Die auf den Hebel wirkende Antriebskraft ist P.

Die Belastung durch die Luftpumpe an der anderen Hebelseite ist Q.

Die Belastung des Mittelzapfens ist

$$P + Q.$$

Räder-Übersetzungen.

Bei zwei miteinander arbeitenden Zahnrädern (Fig. 33), deren Teilkreisdurchmesser d_1 und d_2 in der Fig. 33 angegeben sind, kommen in der gleichen Zeit gleiche auf den Umfängen gemessene Längen in Berührung:

$$\pi \cdot d_1 \cdot n_1 = \pi \cdot d_2 \cdot n_2,$$

$$\frac{n_1}{n_2} = \frac{d_2}{d_1}.$$

n_1 und n_2 bedeuten die Umgangszahlen der Räder.

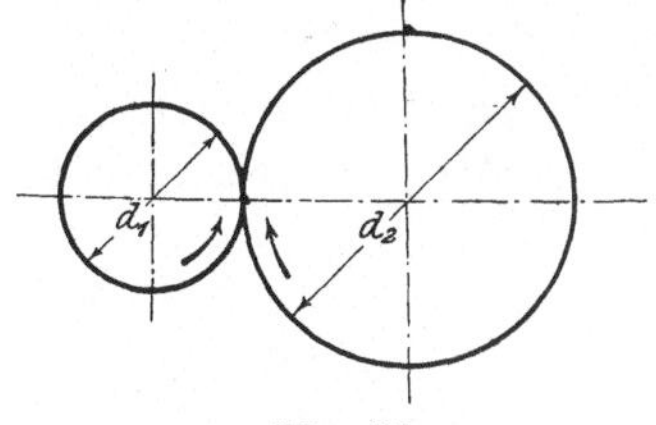
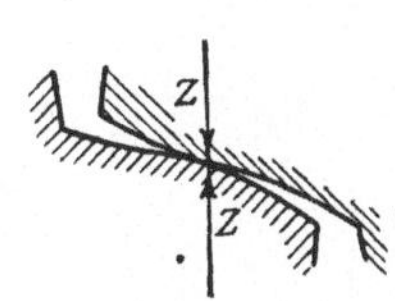

Fig. 33.   Fig. 34.

Die Umgangszahlen zweier miteinander arbeitender Zahnräder verhalten sich umgekehrt wie deren Teilkreisdurchmesser.

Ebenso gilt auch

$$\frac{n_1}{n_2} = \frac{z_2}{z_1},$$

wenn z_1 und z_2 die betr. Zähnezahlen bedeuten.

An der Berührungsstelle beider Räder werden Zahndrücke (Z) hervorgerufen, die gleich groß, aber (als Kraft und Gegenkraft) entgegengesetzt gerichtet sind (Fig. 34).

Trommelwelle mit Kurbel.

Momentengleichung (Fig. 35):

$$K \cdot a = Q \cdot R,$$

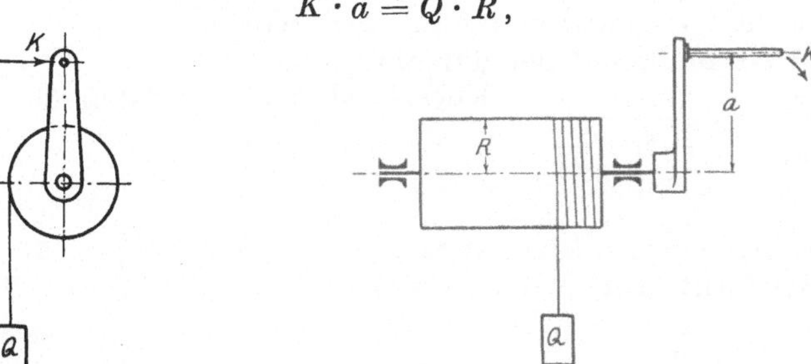

Fig. 35 a.   Fig. 35 b.

Kurbelkraft:

$$K = \frac{Q \cdot R}{a}.$$

Räderwinde mit 1 Vorgelege (Fig. 36).

Momente an der Trommelwelle:

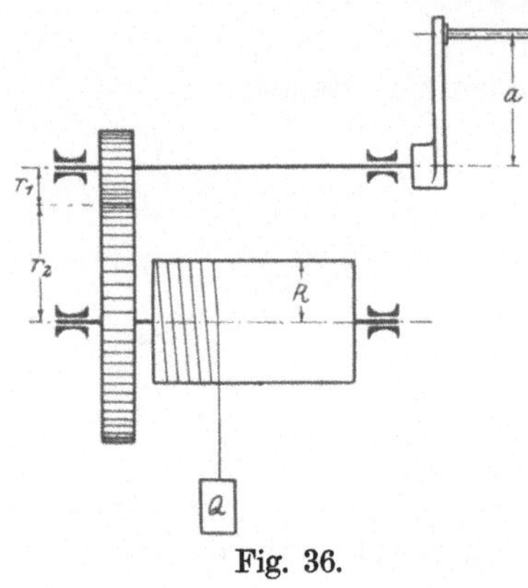

Fig. 36.

$$Q \cdot R = Z \cdot r_2,$$

$$\frac{Q \cdot R}{r_2} = Z.$$

$Z = $ Zahndruck.

Momente an der Kurbelwelle:

$$K \cdot a = Z \cdot r_1,$$

$$\frac{K \cdot a}{r_1} = Z.$$

Also ist:

$$\frac{K \cdot a}{r_1} = \frac{Q \cdot R}{r_2}.$$

Kurbelkraft (verlustlos):

$$K_t = Q \cdot \frac{R}{a} \cdot \frac{r_1}{r_2}.$$

Die wirklich erforderliche Kurbelkraft ist:

$$K_w = Q \cdot \frac{R}{a} \cdot \frac{r_1}{r_2} \cdot \frac{1}{\eta},$$

$$\frac{K_t}{K_w} = \eta.$$

η ist der Gesamtwirkungsgrad der Winde,
$\eta_1 = $ Wirkungsgrad der Trommelwelle,
$\eta_2 = $,,   ,, Kurbelwelle und der Zahnräder.

Dann ist

$$\eta = \eta_1 \cdot \eta_2.$$

Der Gesamtwirkungsgrad einer Maschine ist gleich dem Produkt der Wirkungsgrade der einzelnen Teile.

Beispiel. Mit einer Winde sollen Lasten bis $Q = 500$ kg gehoben werden. Der Trommelhalbmesser ist $R = 125$ mm, Kurbelarm $a = 400$ mm. Der Gesamtwirkungsgrad ist $\eta = 0{,}87$. Es sollen

2 Mann mit je 15 kg Kurbelkraft arbeiten. Dann ist die
erforderliche Räderüberset-
zung:

$$\frac{r_1}{r_2} = \frac{K \cdot a \cdot \eta}{Q \cdot R}$$

$$= \frac{30 \cdot 400 \cdot 0{,}87}{500 \cdot 125} = \frac{1}{6}.$$

Räderwinde
mit 2 Vorgelegen (Fig. 37).

Die erforderliche Kurbel-
kraft[1]) ist

$$K_w = Q \cdot \frac{R}{a} \cdot \frac{r_1}{r_2} \cdot \frac{r_3}{r_4} \cdot \frac{1}{\eta}.$$

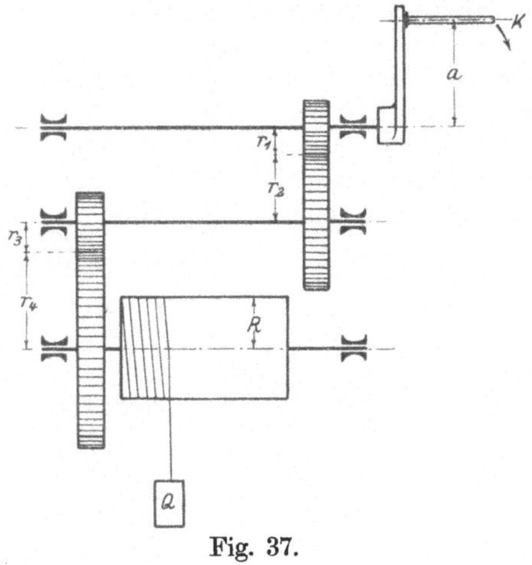

Fig. 37.

**Die Gesamtübersetzung ist gleich dem Produkt der
Teilübersetzungen.**

8. Momentensatz.

**Das statische Moment der Mittelkraft ist gleich der
Summe der statischen Momente oder Seitenkräfte.**

Für O als Drehpunkt:

$$P_1 \cdot a = [R \cdot \cos\alpha] \cdot a = R \cdot [a \cdot \cos\alpha].$$

Die Mittelkraft R ist hier so in ihrer Wirkungslinie verschoben
gedacht, daß die Richtung der Seitenkraft P_2 durch den Drehpunkt
geht.

P_2 hat also keinen Hebelarm und
übt hier kein Moment aus.

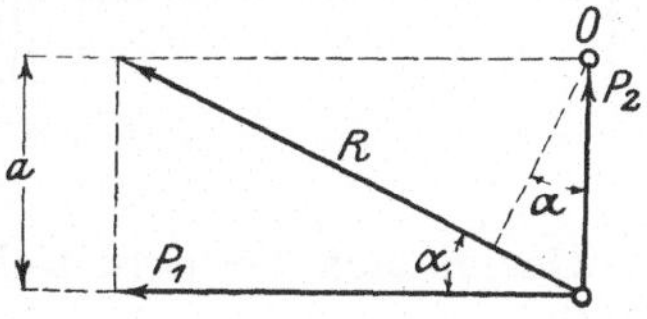

Mehrere Momente, die um dieselbe
Achse drehen, können ersetzt werden
durch ein Moment, welches die gleiche
Wirkung hat (Fig. 39).

Fig. 38.

$$P_1 \cdot r_1 + P_2 \cdot r_2 = R \cdot r.$$

Hierbei ist es gleichgültig, ob R groß und r klein ist oder umgekehrt, wenn nur das Produkt $R \cdot r$ gleich der Summe der gegebenen
Momente ist.

---

[1]) Für die Ermittelung werden ebenso wie vorher die Momentengleichungen
für die einzelnen Wellen aufgestellt. Die Zahndrücke sind dann wieder paarweise gleich.

Mehrere Momente, die um dieselbe Achse drehen und die Summe Null ergeben, heben sich gegenseitig auf. Sie sind miteinander im Gleichgewicht. Das wäre in Fig. 39 der Fall, wenn R die entgegengesetzte Richtung hätte.

Beispiel. Auf einer Welle sitzen drei Zahnräder, ein treibendes vom Halbmesser r und zwei getriebene von den Halbmessern r_1 und r_2. Die Zahndrücke sind R, P_1 und P_2.

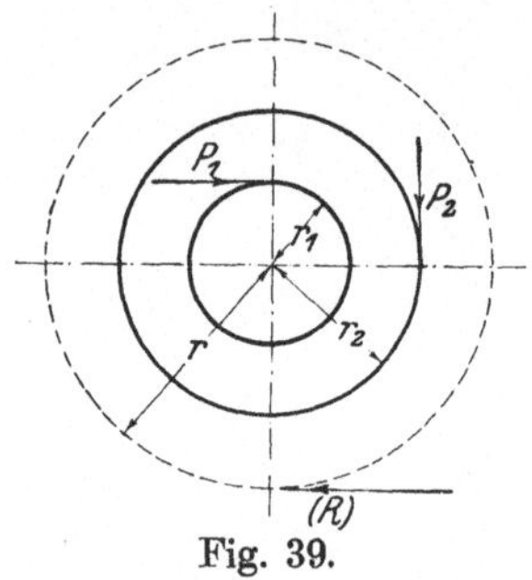

Fig. 39.

$$r_1 = 100 \text{ mm}, \qquad P_1 = 300 \text{ kg},$$
$$r_2 = 200 \text{ ,,} \qquad\quad P_2 = 150 \text{ ,,}$$
$$r = 250 \text{ ,,}$$
$$R = \frac{300 \cdot 100 + 150 \cdot 200}{250},$$
$$R = 240 \text{ kg}.$$

R hat hier entgegengesetzte Richtung wie in Fig. 39.

Solange diese drei Momente miteinander im Gleichgewicht sind, läuft die Welle dauernd mit derselben Umlaufszahl in der Minute um. (Die Zapfenreibung ist nicht berücksichtigt.)

9. Zerlegung einer Kraft in zwei parallele Seitenkräfte. Ermittlung der Stützdrücke.

Zwei Momente sind im Gleichgewicht, wenn sie gleich groß sind und entgegengesetzten Drehungssinn haben. Balken auf zwei Stützen. (Fig. 40).

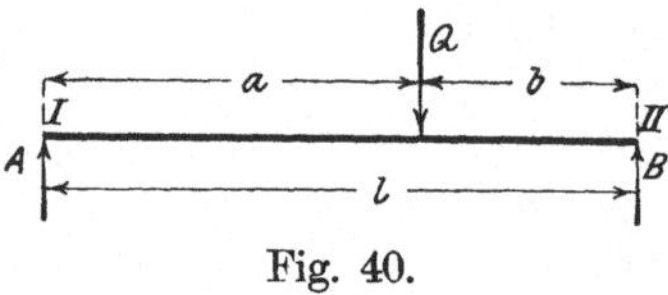

Fig. 40.

Auflagerpunkt II als Drehpunkt, angenommen. Der Stützdruck B geht durch den Drehpunkt, hat also keinen Hebelarm und übt kein Moment aus.

$A \cdot l$ dreht im Uhrzeigersinn,
$Q \cdot b$ dreht gegen den Uhrzeiger.

Der Balken befindet sich in Ruhe. Also:

$$A \cdot l = Q \cdot b,$$
$$A = \frac{Q \cdot b}{l}.$$

Entsprechend mit I als Drehpunkt ist der am rechten Auflager hervorgerufene Gegendruck

$$B = \frac{Q \cdot a}{l}.$$

Hierbei ist zu berücksichtigen, daß die Auflagerdrücke durch die Last hervorgerufene Kräfte sind. Würde ein Lager brechen, so würde der Träger nach dieser Seite sich senken und hierbei sich um das andere Lager als Drehpunkt drehen.

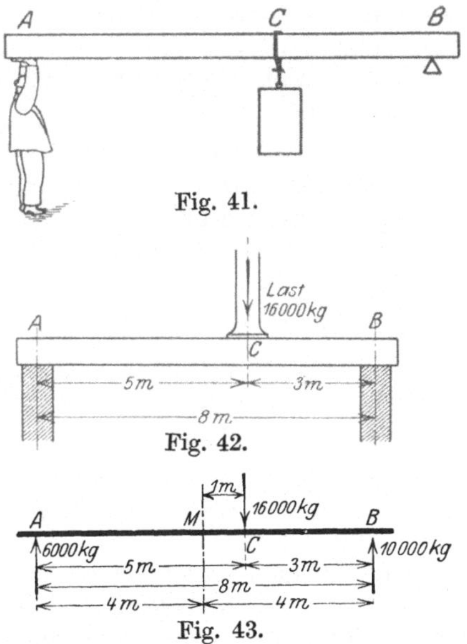

Die Fig. 41—43[1]) erklären die Zusammenhänge näher. Der Mann unter dem linken Trägerende verhindert durch die Unterstützung des Trägers dessen Drehung um die Stütze B. Die Summe aller Momente für den Träger in Fig. 42 ist O auch für einen beliebigen Drehpunkt, z. B. für die Trägermitte M. Hierfür gilt

Moment von $A = 24\,000$ mkg im Uhrzeigersinn
„ „ $C = 16\,000$ „ „ „
„ „ $B = 40\,000$ „ gegen den Uhrzeiger.

Beispiel. Fig. 40. Es sei $Q = 6000$ kg das Gewicht eines Schwungrades. Die Entfernung von Mitte zu Mitte Lager ist $l = 1500$ mm, $a = 1000$ mm, $b = 500$ mm. Es ist dann $A = 2000$ kg, $B = 4000$ kg.

10. Gleichgewichtsbedingungen für Kräfte mit verschiedenen Angriffspunkten in einer Ebene.

Beliebig gerichtete, in einer Ebene wirkende Kräfte lassen sich stets nach zwei auf einer senkrechten Richtungen — wagerecht und lotrecht — in Seitenkräfte zerlegen. Die wagerechten oder die lotrechten Kräfte können sich nur dann unmittelbar aufheben, wenn sie eine gemeinsame Wirkungslinie haben. Sonst ergeben sie Momente, sog. Kräfte-

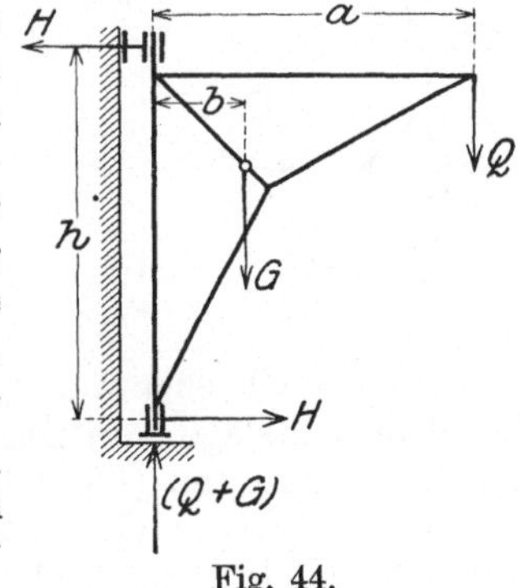

[1]) Aus „Technisches Denken und Schaffen". Eine gemeinverständliche Einführung in die Technik von Prof. Dipl.-Ing. G. v. Hanffstengel. Verlag von Jul. Springer, Berlin.

paare, d. h. paarweise gleiche aber entgegengesetzt gerichtete Kräfte wie in der Fig. 44. ← H und → H mit verschiedenen Wirkungslinien.

Gleichgewicht ist nur möglich bei der Erfüllung nachstehender Bedingungen:

1. **Summe aller senkrechten Seitenkräfte gleich 0**
2. **Summe aller wagerechten Seitenkräfte gleich 0.**
3. **Summe der statischen Momente in bezug auf irgendeinen in derselben Ebene liegenden Drehpunkt gleich 0.**

Für das in der Fig. 44 angedeutete Krangerüst muß gelten:

$$1. \quad Q + G = (Q + G),$$
$$2. \quad H = H,$$
$$3. \quad Q\,a + G\,b = H\,h.$$

Hier bedeuten Q die angehängte Last, G das Eigengewicht des Kranes, H und H die von den Lagern auf das Krangerüst ausgeübten Horizontalkräfte.

Bei beliebigen im Raume wirkenden Kräften, deren jede in 3 aufeinander senkrechte Seitenkräfte zerlegt werden kann, müssen die den 3 Koordinatenachsen parallelen Seitenkräfte und die den 3 Koordinatenebenen parallel drehenden Momente sämtlich je die Summe 0 ergeben, d. h. sich aufheben.

11. Die verschiedenen Gleichgewichtszustände.

Stabiles Gleichgewicht: Ruhendes Pendel. Aus ursprünglicher Lage gebracht, kehrt es stets wieder in diese zurück (Fig. 45).

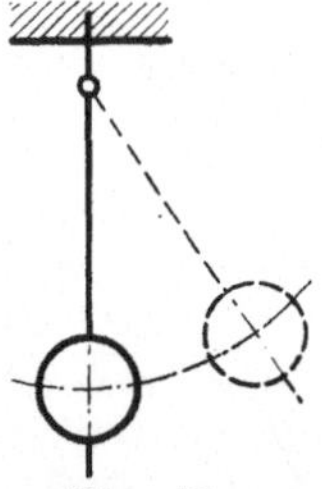

Fig. 45.

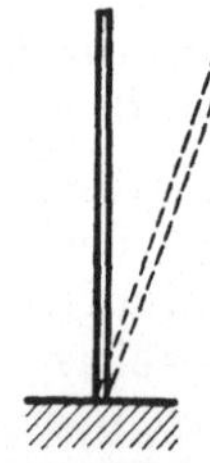

Fig. 46.

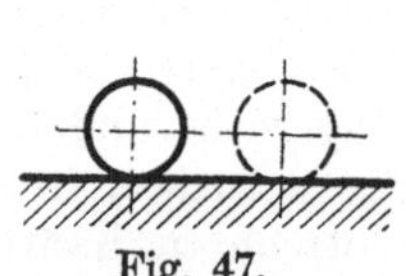

Fig. 47.

Labiles Gleichgewicht: Balancierender Körper, der seine erste Gleichgewichtslage verliert, geht in eine neue Gleichgewichtslage über. Er fällt um. (Fig. 46.)

Indifferentes Gleichgewicht: Kugel auf wagerechter Ebene befindet sich in jeder Stellung im Gleichgewicht. (Fig. 47.)

12. Mittelkraft beliebig vieler Parallelkräfte.

Rechnerische Bestimmung [1]).

Balken mit vielen Einzellasten ist gegeben (Fig. 48). Die Mittelkraft aller Lasten ist gesucht.

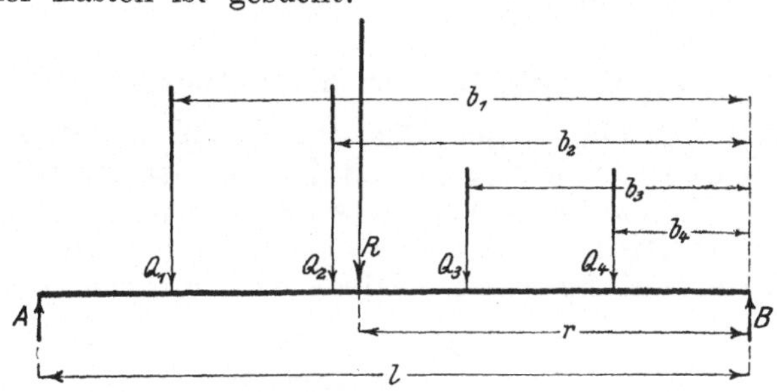

Fig. 48 a. Lastenschema.

Die Mittelkraft ist:
$$R = Q_1 + Q_2 + Q_3 + Q_4,$$
$$R \cdot r = Q_1 \cdot b_1 + Q_2 \cdot b_2 + Q_3 \cdot b_3 + Q_4 \cdot b_4,$$
$$r = \frac{Q_1 \cdot b_1 + Q_2 \cdot b_2 + Q_3 \cdot b_3 + Q_4 \cdot b_4}{R}.$$

Die Stützdrücke[2]) sind:
$$A = \frac{R \cdot r}{l},$$
$$B = R - A.$$

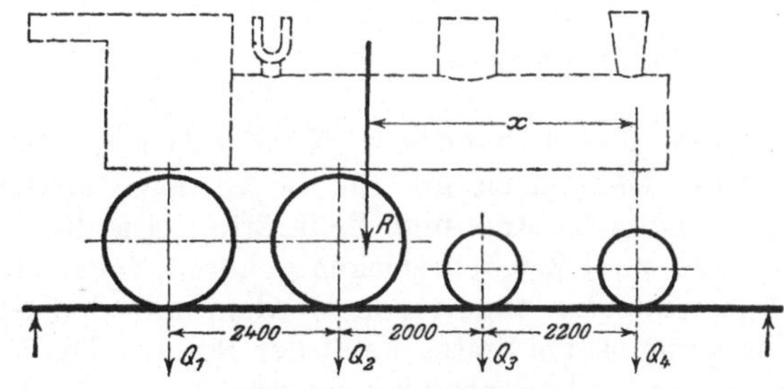

Fig. 48 b. Lokomotive.

Beispiel. Achsdrücke einer Lokomotive nach Fig. 48 b:
$$Q_1 = Q_2 = 15\,000 \text{ kg}$$
$$Q_3 = Q_4 = 9\,000 \text{ ,,}$$
$$R = 48\,000 \text{ ,,}$$

---

[1]) Siehe Schwerpunkt. II, 13.
[2]) Siehe S. 24.

Vorderachse als Drehachse angenommen:

$$x = \frac{15\,000 \cdot 6600 + 15\,000 \cdot 4200 + 9000 \cdot 2200 + 0}{48\,000},$$

$$x = \sim 3790 \text{ mm}.$$

Zeichnerische Bestimmung. Seilpolygon.

Ein nach Fig. 49a an den Punkten A und B befestigtes Seil trägt die Einzellasten Q_1, Q_2, Q_3 und Q_4. An den Angriffspunkten der Lasten bildet das Seil Ecken, dazwischen ist es gerade gespannt. An dem Punkte I ist die Last Q_1 mit den Seilkräften S_1 und S_2 im Gleichgewicht. Diese drei Kräfte lassen sich

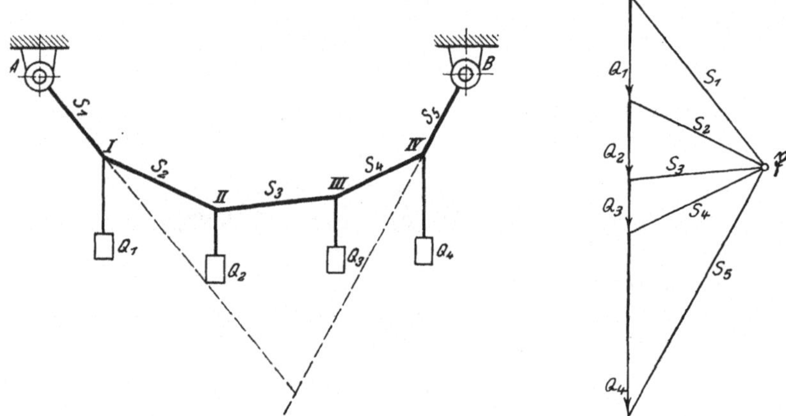

Fig. 49 a. Seilpolygon.   Fig. 49 b. Polfigur.

also zu einem geschlossenen Kräftedreieck zusammensetzen (Fig. 49b). Das gleiche gilt für die an den Punkten II, III und IV angreifenden Lasten und Seilkräfte. Da die Kräfte S_2, S_3 und S_4 stets zu zwei Kräftedreiecken gehören, fallen diese, wenn die Lasten untereinander angetragen werden, mit den Spitzen zusammen. Die gemeinsame Spitze heißt der Pol $\mathfrak{P}$. Die Polstrahlen sind den von den entsprechenden Lasten hervorgerufenen Seilkräften parallel.

Die Mittelkraft

$$R = Q_1 + Q_2 + Q_3 + Q_4$$

bildet in der Polfigur ein Kräftedreieck mit den Seilkräften S_1 und S_5. Sie ist also mit diesem im Gleichgewicht. Die Mittelkraft geht im Seilpolygon durch den Schnittpunkt der äußersten Seiten des Seilpolygons.

Zeichnerische Lösung der Aufgabe von Fig. 48a. Einzellasten Q_1, Q_2, Q_3, Q_4 aneinander getragen. Beliebiger Pol $\mathfrak{P}$ angenommen. Polstrahlen S_1, S_2, S_3, S_4 gezogen. Zu diesen werden parallel gezeichnet die Seiten des Seilpolygons (S_1), (S_2), (S_3), (S_4), (S_5). Die Mittelkraft $R = 48\,000$ kg geht durch den Schnittpunkt von (S_1) und (S_5). (Fig. 50a.)

Die Schnittpunkte der äußersten Seiten (S_1) und (S_5) des Seilpolygons mit den Wirkungslinien der Stützdrücke A und B werden durch die Schlußlinie (s) verbunden. Die Parallele s in der Polfigur schneidet A und B auf der Kraftlinie im Kräftemaßstab ab.

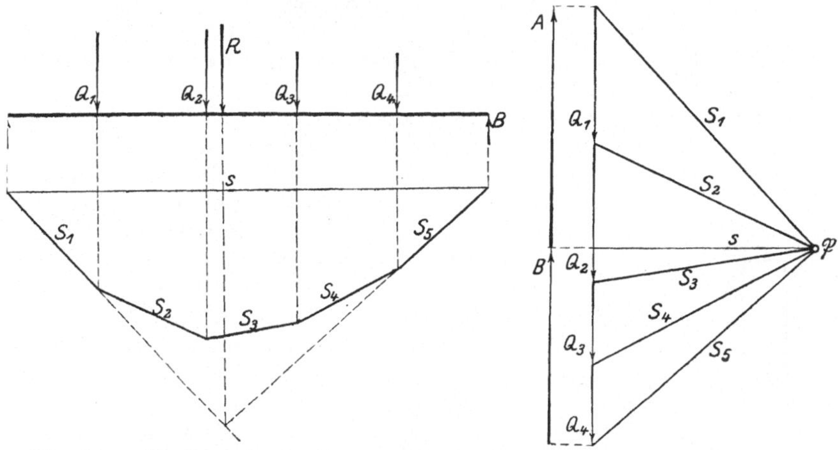

Fig. 50 a.   Kräftemaßstab: 1 mm = 8200 kg.   Fig. 50 b.

Die Richtung von s ist durch die Wahl von $\mathfrak{P}$ bedingt.
$$A + B = Q_1 + Q_2 + Q_3 + Q_4 = R.$$

A ist mit (S_1) und (s) im Gleichgewicht, bildet deshalb mit S_1 und s ein geschlossenes Kräftedreieck. Das gleiche gilt für s, B und S_5. (s) ist als Druckstrebe vorzustellen (Fig. 50a).

13. Schwerpunkt.

Schwere oder Gewicht eines Körpers ist die Kraft, mit welcher er von der Erde angezogen wird.

Diese Kraft hat für denselben Körper an verschiedenen Punkten der Erde verschiedene Größe.

Der Schwerpunkt eines Körpers ist der Punkt, in dem das ganze Gewicht des betr. Körpers vereinigt angenommen werden kann.

Der Schwerpunkt einer Linie (einer Fläche oder eines Körpers) braucht nicht auf dieser Linie (Fläche oder Körper) zu liegen. Siehe z. B. Fig. 55.

Die Wirkungslinie des Körpergewichtes geht in allen Lagen des Körpers durch dessen Schwerpunkt.

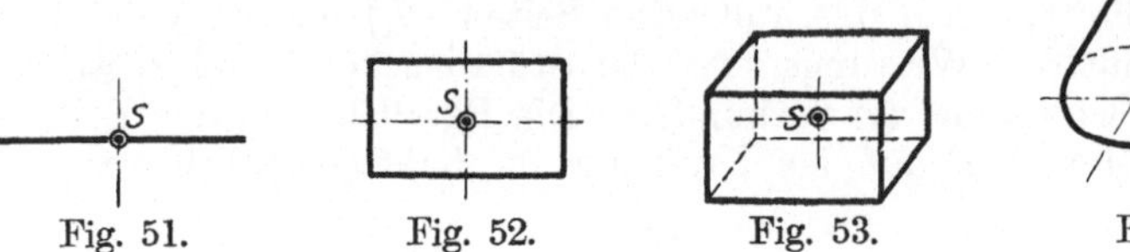

Fig. 51.   Fig. 52.   Fig. 53.   Fig. 54.

Die Mittelkraft aller Einzelschwerkräfte geht durch den Gesamtschwerpunkt (Fig. 55).

Bei symmetrischen Körpern oder Flächen oder Linien liegt der Schwerpunkt auf der Symmetrieachse (Fig. 51—53).

Bei Unterstützung des Schwerpunktes befindet sich der Körper im Gleichgewicht (Fig. 54).

Der Schwerpunkt eines Querschnittes[1]) spielt bei der Biegungsfestigkeit eine wichtige Rolle.

Bestimmung des Schwerpunktes.

1. **Durch Versuch.** Aufhängung der Fläche oder des Körpers in verschiedenen Punkten.

Die durch den Aufhängungspunkt jedesmal gezogenen Senkrechten schneiden sich im Schwerpunkt, denn dieser liegt stets unter dem Aufhängungspunkte.

2. **Mittels des Seilpolygons.** Winkelquerschnitt (Fig. 55) in zwei Rechtecke zerteilt, deren

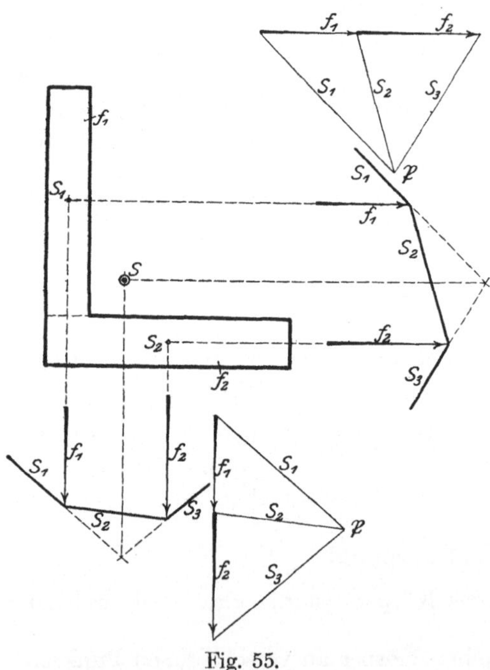

Fig. 55.

---

[1]) Ein Querschnitt als geometrische Figur hat kein Gewicht. Wenn man den betr. Querschnitt aber z. B. aus Blech ausschneiden würde, so würde er bei Unterstützung im Schwerpunkt in der Schwebe bleiben.

Schwerpunkte z. B. durch Schnitt der Diagonalen unschwer angegeben werden können. In diesen Einzelschwerpunkten greifen Kräfte (Gewichte der Rechtecke) an, deren Größen sich verhalten wie die Größen der Rechtecke.

Die Mittelkraft geht durch den Schnittpunkt der äußersten Seilpolygonseiten. Die Konstruktion wird für zwei beliebige Lagen des gegebenen Winkelquerschnittes ausgeführt. (Der Querschnitt ist in zwei verschiedenen Lagen aufgehangen gedacht.) Die Wirkungslinien der beiden Mittelkräfte schneiden sich im Schwerpunkte des Gesamtquerschnittes.

3. **Mittels Rechnung.** (Fig. 56). Unter Benutzung des Momentensatzes:

„**Das statische Moment des Ganzen ist gleich der Summe der statischen Momente der einzelnen Teile.**"

Momentengleichung in bezug auf die Drehachse $I{-}I$:

$$F \cdot x = f_1 \cdot x_1 + f_2 \cdot x_2,$$
$$F = f_1 + f_2,$$
$$x = \frac{f_1 \cdot x_1 + f_2 \cdot x_2}{F}.$$

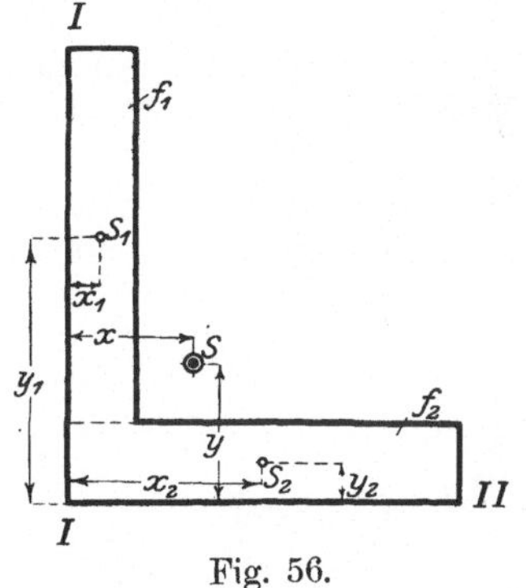

Fig. 56.

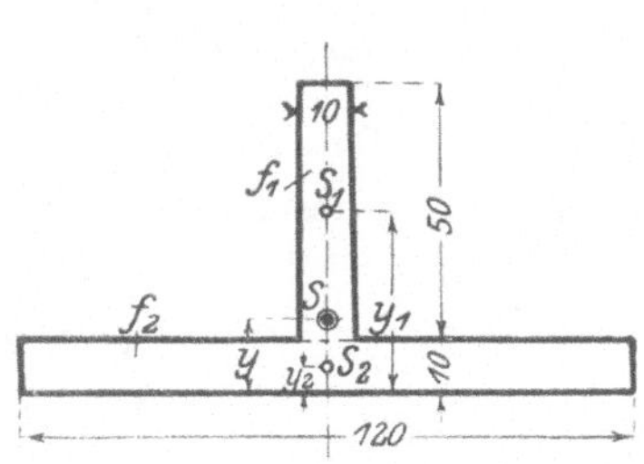

Fig. 57.

Momentengleichung in bezug auf die Grundlinie als Drehachse:

$$F \cdot y = f_1 \cdot y_1 + f_2 \cdot y_2,$$
$$y = \frac{f_1 \cdot y_1 + f_2 \cdot y_2}{F}.$$

Eine beliebige Fläche f kann in sehr viele sehr kleine Teile $\varDelta f$ zerlegt gedacht werden. Die entsprechenden Koordinaten der Teile sind x und y, die beide natürlich für alle Teile verschiedene Werte haben. Die Koordinaten des Schwerpunktes seien x_0 und y_0.

Es ist

$$x_0 \cdot F = \sum x \, \Delta F$$

und

$$y_0 \cdot F = \sum y \, \Delta F \, .$$

Dann lassen sich die beiden Gleichungen in vereinfachter Form schreiben:

$$x_0 = \frac{\sum x \, \Delta F}{F} \, ,$$

$$\sum \Delta F = F \, ,$$

$$y_0 = \frac{\sum y \, \Delta F}{F} \, .$$

Das Zeichen $\sum$ bedeutet die Summe vieler sehr kleiner Teile. Wird als **Bezugsachse eine Schwerachse** gedacht, so wird $x_0 = 0$; daher

$$0 \cdot F = \sum x \, \Delta F = 0 \, .$$

Entsprechend ist dann auch

$$\Delta y \, \Delta F = 0 \, .$$

Beispiel. Breitflanschiges ⊥-Eisen, N.-P. 12/6. Der Schwerpunkt des Profiles soll bestimmt werden.

Da die Figur symmetrisch ist, liegt der Schwerpunkt auf der Symmetrieachse, d. h. der senkrechten Mittellinie.

1. Rechnerische Bestimmung. (Fig. 57.)

Zerlegung des ganzen Querschnittes in die Rechtecke f_1 und f_2:

$$f_1 = 5 \, \text{qcm} \, ,$$
$$f_2 = 12 \, \text{qcm} \, ,$$
$$F = f_1 + f_2 = 17 \, \text{qcm} \, .$$
$$y = \frac{5 \cdot 3{,}5 + 12 \cdot 0{,}5}{17} = 1{,}38 \, \text{cm} \, .$$

2. Zeichnerische Bestimmung. (Fig. 58)

Beliebiger Maßstab gewählt, z. B.:

1 qcm Fläche entspricht 1 mm Länge der Kraftlinie.

$$f_1 = 5 \, \text{mm} \, ,$$
$$f_2 = 12 \, \text{mm} \, .$$

Halbkreislinie. Fig. 59.

Betrachtet wird das sehr klein gedachte Linienstück (Punkt, in der Figur groß gezeichnet)

$$\Delta s = r \, \Delta \varphi \, .$$

In bezug auf die x-Achse ist dessen statisches Moment:

$$M_x = r\,\varDelta\varphi \cdot r\,\sin\varphi .$$

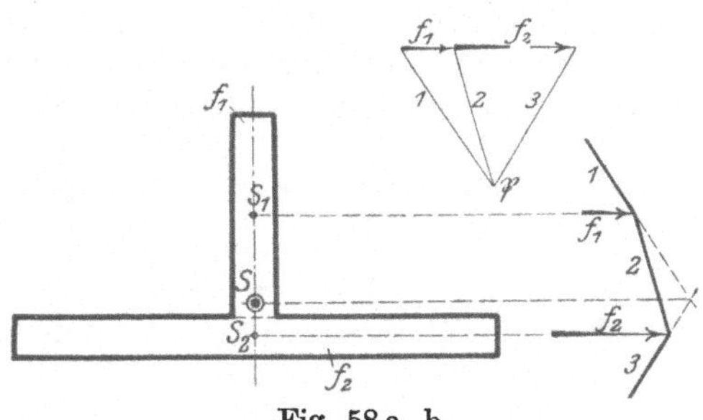

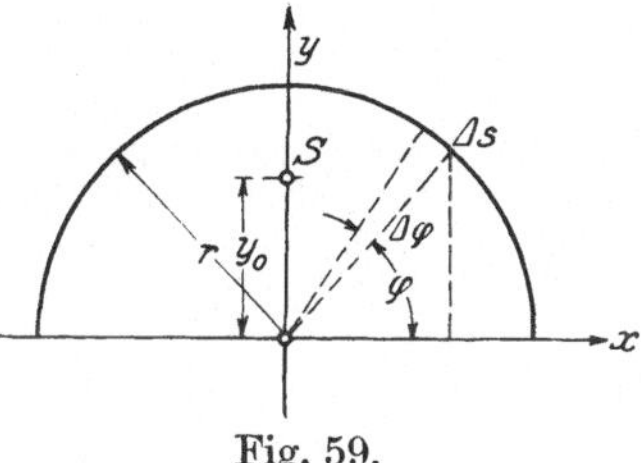

Fig. 58 a, b.

S bezeichnet den gesuchten Schwerpunkt des Halbkreisbogens von der Länge $s = r\,\pi$. Also gilt

$$s \cdot y_0 = \sum r^2 \sin\varphi\,\varDelta\varphi = r^2 \sum \sin\varphi\,\varDelta\varphi .$$

Das Zeichen $\sum$ bedeutet eine Summe. Diese besteht hier aus sehr vielen Gliedern, deren jedes sehr klein ist und den Faktor r^2 enthält. Das Zeichen $\sum$ ersetzt eine Klammer. Der Faktor r^2 kann also ausgeklammert, hier vor das Summenzeichen gesetzt werden.

Zur Berechnung der Summe wird ausgegangen von der bekannten Formel

Fig. 59.

$$\cos(\alpha + \beta) = \cos\alpha\,\cos\beta - \sin\alpha\,\sin\beta .$$

Entsprechend ist

$$\cos(\varphi + \varDelta\varphi) = \cos\varphi\,\cos\varDelta\varphi - \sin\varphi\,\sin\varDelta\varphi ,$$
$$\cos\varphi \qquad\quad = \cos\varphi .$$

Je kleiner der Winkel $\varDelta\varphi$ angenommen wird, um so genauer ist

$$\cos\varDelta\varphi = 1 ,$$
$$\sin\varDelta\varphi = \varDelta\varphi .$$

Bogenlänge $= \sim$ Sehne.

Mit diesen Werten ergibt sich

$$\cos(\varphi + \varDelta\varphi) - \cos\varphi = \varDelta\cos\varphi = -\sin\varphi\,\varDelta\varphi .$$

$\varDelta\cos\varphi$ bedeutet die kleine Änderung — Abnahme — des cos für einen kleinen Zuwachs $\varDelta\varphi$ des Winkels φ. Also sind auch die entsprechenden Summen gleich

$$\sum \varDelta\cos\varphi = -\sum \sin\varphi\,\varDelta\varphi ,$$
$$\sum \varDelta\cos\varphi = \cos\varphi .$$

Die Summe der Teile ist gleich dem Ganzen

$$\sum \sin\varphi \, \varDelta\varphi = -\cos\varphi \,.$$

Die hier allgemein bezeichnete Summe kann erst dann eindeutig berechnet werden, wenn angegeben wird, zwischen welchen Grenzen die Summe gebildet werden soll.

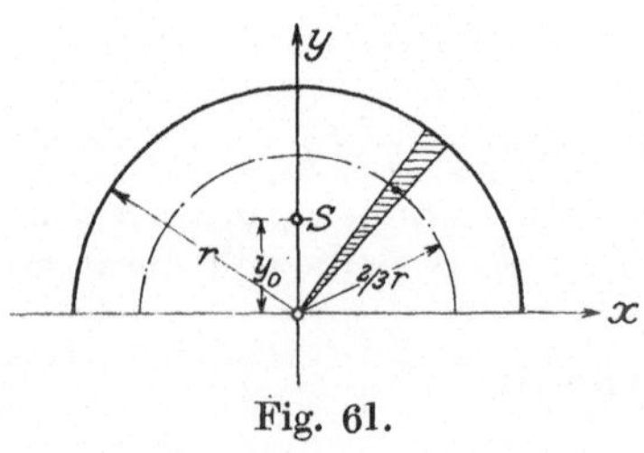

Fig. 60.

Bei einer Linie z. B. (Fig. 60) ist allgemein:

$$\sum \varDelta s = s \,.$$

Zwischen dem „oberen Grenzwert" $s = b$ und dem unteren Grenzwert $s = a$ ist die Summe

$$\sum_{s=a}^{s=b} \varDelta s = b - a \,.$$

Im vorliegenden Falle ist die obere Grenze für den Viertelkreis $\varphi = \dfrac{\pi}{2} = 90°$, die untere Grenze $\varphi = 0$.

Also

$$\sum_{\varphi=0}^{\varphi=\frac{\pi}{2}} \sin\varphi \, \varDelta\varphi = -(\cos 90° - \cos 0°) = 1 \,.$$

Daher

$$s\, y_0 = \frac{r\,\pi}{2}\, y_0 = r^2 \,,$$

$$y_0 = \frac{2\,r}{\pi} \,.$$

Die Schwerpunkte S_1 und S_2 der beiden benachbarten Viertelkreise haben die gleiche Ordinate. Ihr gemeinsamer Schwerpunkt S des Halbkreises liegt auf der Verbindungslinie und auf der y-Achse als Symmetrieachse. Es gilt daher auch für den Halbkreisbogen

$$y_0 = \frac{2\,r}{\pi} \,.$$

Halbkreisfläche. Fig. 61.

Die Schwerpunkte der einzelnen Segmente ($\sim$ Dreiecke) liegen auf dem Halbkreisbogen vom Halbmesser $\frac{2}{3}\,r$.

Folglich ist hier

$$y_0 = \frac{2\,\frac{2}{3}\,r}{\pi} \,,$$

$$y_0 = \frac{4\,r}{3\,\pi} \,.$$

Fig. 61.

Beispiel. Schwerkunkt einer Lokomotive. In Fig. 48b sind die Achsdrücke angegeben. Angenommen ist, daß die einzelnen Raddrücke durch Wagen bestimmt sind und daß die beiderseitigen Raddrücke jeder Achse gleich groß sind. Dann liegt der Gesamtschwerpunkt der Lokomotive in deren senkrechter Mittelebene, und zwar auf der Wirkungslinie von R.

14. Guldinsche Regeln.

a) Oberfläche von Drehkörpern.

Eine Drehfläche entsteht durch Drehung einer Linie um eine Achse O. Es sei Δl ein kleiner Teil der erzeugenden Linie, dann ist bei einer vollen Umdrehung im Kreis vom Halbmesser x die erzeugte kleine Drehfläche

$$\Delta F = 2\,x\,\pi\,\Delta l\,.$$

Also ist die ganze Drehfläche

$$F = \sum \Delta F = \sum 2\,x\,\pi\,\Delta l$$

mit „Ausklammerung" von $2\,\pi$

$$F = 2\,\pi \sum x\,\Delta l\,,$$
$$F = 2\,\pi\,x_0\,l\,.$$

x_0 ist der Abstand des Linienschwerpunktes von der Drehachse.

Die Drehfläche, die durch Drehung einer Linie um die Achse O entsteht, ist gleich dem Produkte:

Länge der erzeugenden Linie $\times$ Weg ihres Schwerpunktes bei einer Umdrehung.

Beispiel. Fig. 62. Die Oberfläche eines Ringes vom mittleren Durchmesser D und vom Querschnitt $\dfrac{\pi \cdot d^2}{4}$ ergibt sich folgendermaßen:

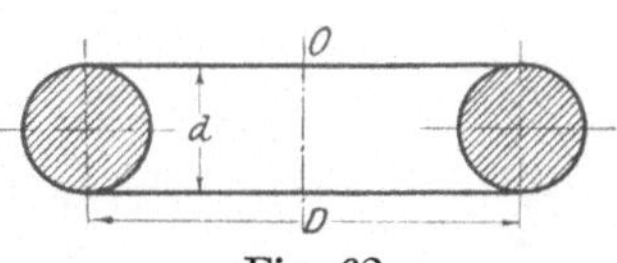

Fig. 62.

Umfang des Querschnittes:

$$\pi \cdot d = l\,,$$

Oberfläche des Ringes:

$$F = l \cdot \pi \cdot D\,.$$

b) Inhalt von Drehkörpern.

Durch Drehung eines kleinen Flächenteilchens ΔF um eine Achse im Abstande x wird der kleine Drehkörper vom Inhalt

$$\Delta V = 2\,x\,\pi\,\Delta F$$

erzeugt. Also ist der Inhalt des ganzen durch eine Umdrehung der Fläche F erzeugten Drehkörpers

$$V = \sum \Delta V = 2\,\pi \sum x\,\Delta F,$$
$$V = 2\,x_0\,\pi\,F.$$

Der Inhalt eines Drehkörpers, der durch Drehung einer Fläche um die Achse O entsteht, ist gleich dem Produkte:

Erzeugungsfläche × Weg des Schwerpunktes der Fläche bei einer Umdrehung.

Der Inhalt des vorstehenden Ringes ist:

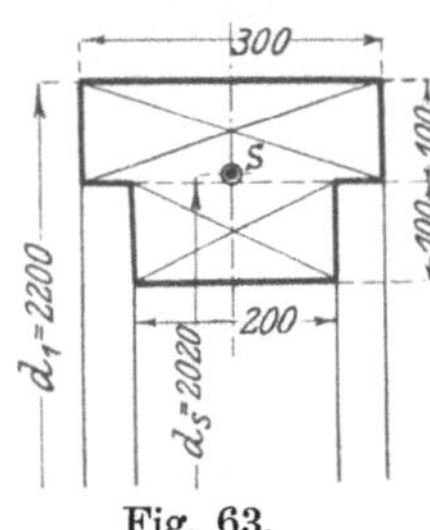

Fig. 63.

$$\frac{\pi \cdot d^2}{4} \cdot D \cdot \pi = V.$$

Beispiel. Fig. 63. Das Gewicht Q eines Schwungringes[1]) ist zu berechnen:

$$Q = V \cdot \gamma,$$
$$\gamma = \text{spezifisches Gewicht,}$$

für Gußeisen

$$\gamma = 7{,}2,$$

d. h. Gußeisen hat das 7,2fache Gewicht des gleichen Volumens Wasser (4°).

Fläche des Querschnittes:

$$F = 5 \text{ qdm.}$$

Inhalt des Ringes:

$$V = \pi \cdot 20{,}2 \cdot 5 = \sim 317 \text{ cbdm},$$
$$Q = 317 \cdot 7{,}2 = 2280 \text{ kg.}$$

15. Stabilitätsmoment.

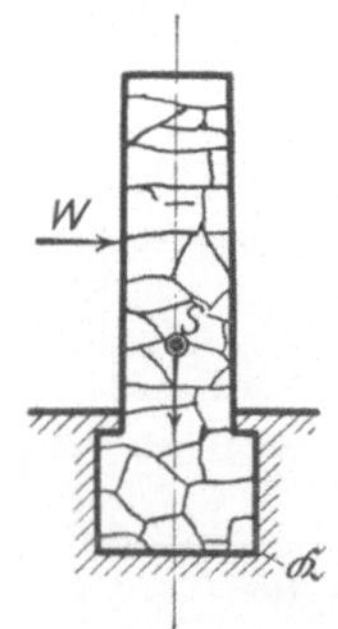

Fig. 64.

Ein gemauerter Pfeiler (Fig. 64), der von der Seite durch den Winddruck W getroffen wird, sucht um die untere Kante $\mathfrak{K}$ (Kippkante) zu kippen. Der Schwerpunkt S wird bei dem Kippen gehoben, bis er senkrecht über $\mathfrak{K}$ kommt. Der Betrag, um den S hierbei gehoben werden muß, ist um so größer, je tiefer S im Körper gelegen ist. Um so größer ist auch die Standfestigkeit.

Das Moment des in dem Schwerpunkte S angreifenden Eigengewichtes in bezug auf die Kippkante $\mathfrak{K}$ heißt das Stabilitätsmoment des Pfeilers. Es

[1]) Siehe Schwungradberechnung IV, 8.

ist bei derselben Schwerpunktslage und dem gleichen Eigengewicht um so größer, je breiter die Fundamentfläche ist. Das Produkt aus dem Eigengewicht und der Höhe, um welche bei der Drehung um $\Re$ der Schwerpunkt gehoben wird, heißt das dynamische Stabilitätsmoment.

16. Reibung.

A. Gleitende Reibung.

Ein auf einer Unterlage gleitender Körper geht in den Ruhezustand über, d. h. er verändert seinen ursprünglichen Bewegungszustand, weil seiner Bewegung entgegen ein Widerstand, die in der Berührungsebene wirkende Reibung $\Re$ wirksam ist. Die Mittelkraft aus dieser und dem von der Unterlage ausgeübten Gegendruck D ist R (Fig. 65). R weicht um den Reibungswinkel[2]) ϱ von der Senkrechten ab.

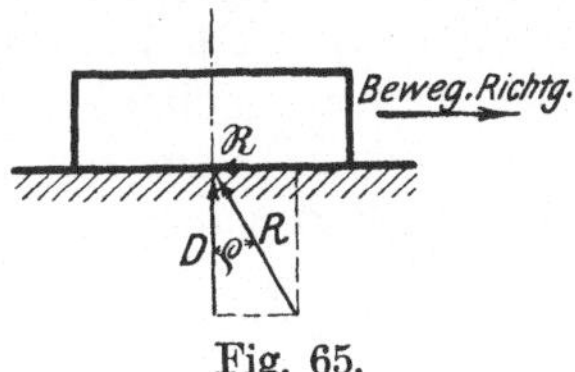

Fig. 65.

$$\frac{\Re}{D} = \operatorname{tg}\varrho = \mu,$$

heißt Reibungsziffer (unbenannte Zahl).

$$\Re = \mu\,D$$

Die Größe der Reibungsziffer ist abhängig von
1. den sich berührenden Stoffen,
2. der Beschaffenheit der Oberflächen, rauh oder glatt, geschmiert oder ungeschmiert, naß oder trocken,
3. der Größe der Anpressung,
4. der Temperatur,
5. Der Geschwindigkeit. Die Reibungsziffer der Ruhe ist größer als die Reibungsziffer der Bewegung.

Der Reibungswiderstand und ebenso die Reibungsziffer sind am größten bei dem Übergang aus dem Ruhezustand in die Bewegung.

Beispiel. Ein Dampfschieber wird durch den Dampfdruck und durch sein Eigengewicht mit $N = 5000$ kg gegen den Spiegel gedrückt. Zur Verschiebung des Schiebers ist erforderlich die Kraft

$$P = \mu \cdot N,$$

Annahme: $\mu = 0{,}15$,

$$P = 0{,}15 \cdot 5000 = 750 \text{ kg}.$$

Beispiel. Die Trieb- und Kuppelräder der Lokomotiven werden durch den Reibungswiderstand verhindert auf den Schienen zu

---

¹) Andere Bedeutung und Bestimmung des Reibungswinkels siehe Schiefe Ebene S. 45.

gleiten. $\mu = 0{,}16$. In den Fig. 66 und 67 ist angenommen, daß alle
Kräfte, die in Wirklichkeit durch die Kupplung mehrerer Achsen
auf mehrere hintereinander laufende Räder verteilt werden, an einem
Rade angreifen. Ferner ist langsame Fahrt angenommen, bei der die
Beschleunigung des Getriebes keine Rolle spielt. P ist die Kolbenkraft, die in gleicher Größe als Gegenkraft auf den Zylinderdeckel und damit auf den Rahmen wirkt. P fließt durch die Treib-
stange nach dem Kurbelzapfen der Treibachse und verteilt sich durch
die Kuppelstangen auch auf die Zapfen der gekuppelten Achsen.
Die Achse drückt die Lager einer Maschinenseite mit der Gesamt-
kraft $H \gtrless P$ nach vorn oder hinten gegen den Rahmen. Diese Kraft
und die vom Zylinderdeckel auf den Rahmen übertragene Kraft sind
also nicht ausgeglichen. Die Mittelkraft beider wirkt treibend nach
vorwärts. In dem Berührungspunkte O an der Schiene findet das
rollende Rad seinen augenblicklichen festen Drehpunkt.

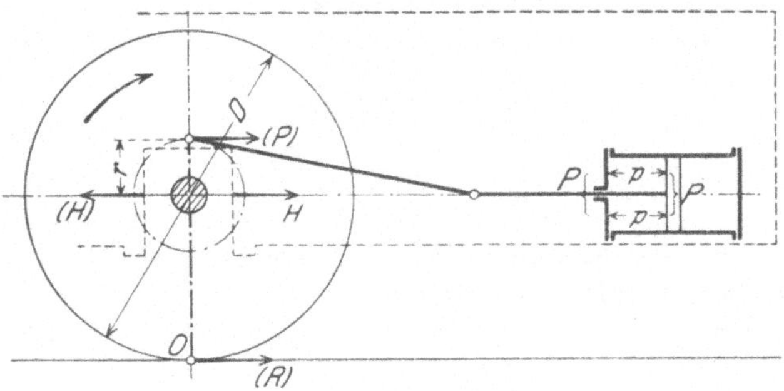

Fig. 66. Stellung I.

Annahme: $P = 10\,000$ kg, $D = 1800$ mm, Hub $s = 600$ mm,
$r = 300$ mm. In Wirklichkeit seien 3 gekuppelte Achsen vorhanden.
Die Figuren stellen den Zusammenhang so dar, als wirkten alle
Kräfte an einem Rade. Die auf das Rad wirkenden Kräfte sind
eingeklammert, die auf den Rahmen wirkenden Kräfte sind
nicht eingeklammert.

Stellung *I*. Das Rad wirkt als einarmiger Hebel.

Momente am Rade:

$$H \frac{D}{2} = P \left(\frac{D}{2} + r \right),$$

$$H = 10\,000 \cdot \tfrac{12}{9} = 13\,330 \text{ kg}.$$

In der Figur ist auch die entgegengesetzt gerichtete Gegenkraft
am Rahmen angegeben. Zugkraft

$$Z = H - P = 3330 \text{ kg}$$

am Rahmen nach vorn wirkend. Z wirkt in gleicher Größe zwischen Rad und Schiene. Der ganze Reibungswiderstand bei einem gesamten Raddruck von 24 t, der sich in Wahrheit auf 3 hintereinanderlaufende Räder verteilt, beträgt $24 \cdot 0{,}16 = 3840$ kg, wird also hier nicht voll ausgenützt.

Stellung II. Das Rad wirkt als zweiarmiger Hebel.

$$H \cdot \frac{D}{2} = P\left(\frac{D}{2} - r\right),$$

$$H = 10\,000 \cdot \tfrac{2}{3} = 6670 \text{ kg}.$$

Also überschüssige Kraft am Rahmen nach vorn gerichtet

$$P - H = 3330 \text{ kg}$$

gleich der gesamten Gegenkraft zwischen den 3 gekuppelten Rädern einer Lokomotivseite — in den Figuren als ein Rad gezeichnet — und der Schiene.

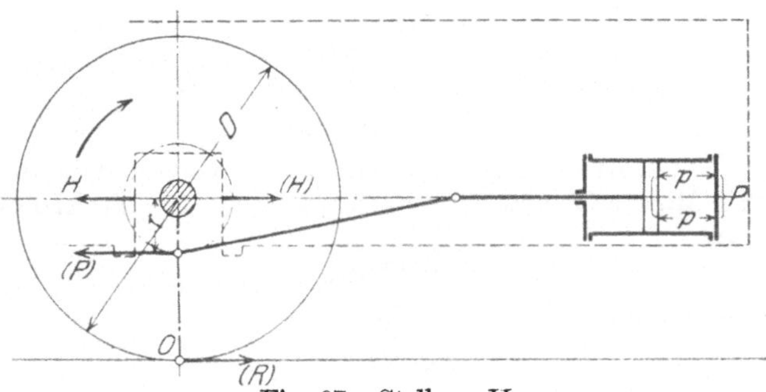

Fig. 67. Stellung II.

Reibung in Keilnuten.

Bei der Verschiebung eines in einer Keilnut geführten Körpers (Fig. 68) senkrecht zur Bildebene ist an beiden schrägen Seitenflächen Reibung zu überwinden. Der Reibungswiderstand ist

$$\Re = 2\,\mu\,N',$$

$$N' = \frac{N}{2\sin\alpha},$$

$$\Re = \frac{\mu\,N}{\sin\alpha}.$$

Wegen der Vergrößerung der Reibung durch die Keilnuten finden solche Verwendung z. B. bei Rei-

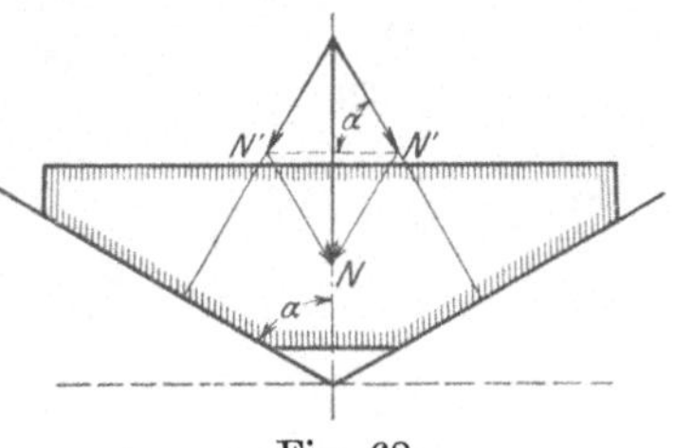

Fig. 68.

bungskupplungen. Bei gleichem Anpressungsdruck N wird die übertragbare Umfangskraft größer als bei glattem Umfang. Bei Zahnradlokomotiven sind die Bremsscheiben und Bremsbacken an den Berührungsflächen mit Keilnuten versehen, damit bei gegebenem Anpressungsdruck die Umfangskraft an der Bremsscheibe möglichst groß wird.

Zapfenreibung.

1. **Tragzapfen.** Die Zapfenbelastung wirkt senkrecht zur Zapfenachse und wird durch die Lagerschale verteilt.

Am Zapfenumfang wirken pro 1 qcm die durch die Zapfenachse gehenden Normaldrücke N. Die einzelnen N haben verschiedene Größe. Über der Zapfenmitte ist N am größten, an den Seiten des Zapfens ist

$$N = 0.$$

Jedem Druck N entspricht der Reibungswiderstand $\mu \cdot N$. Die Summe aller Normaldrücke ist:

$$\sum N > Q,$$
$$\text{Zapfenreibung:} \quad \mu \cdot \sum N = \mu_1 \cdot Q,$$
$$\mu_1 > \mu,$$

μ_1 ist der **Zapfenreibungskoeffizient.** Bei guter Schmierung mit Rüböl, Mineralöl usw. ist nach „Hütte" für Stahlzapfen in Bronzelagern:

$$\mu_1 = 0,06,$$

bei schlechter Schmierung im Freien:

$$\mu_1 = 0,08.$$

Der Drehung des Zapfens wirkt hindernd entgegen das Moment:

$$M = \mu_1 \cdot Q \cdot r.$$

Für den „Beharrungszustand" muß das treibende Moment die gleiche Größe haben.

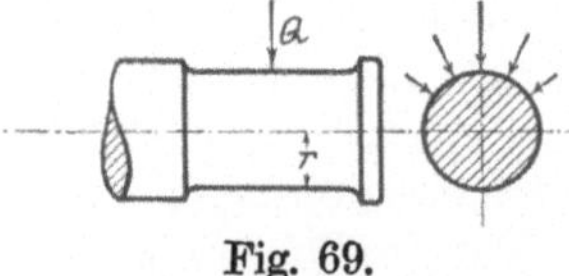

Fig. 69.

Beispiel (siehe Fig. 69). Der Tragzapfen einer Eisenbahnwagenachse hat die Maße $l = 200$ mm, $d = 90$ mm und ist mit $Q = 5000$ kg belastet,

$$\mu_1 = 0,06.$$

Die Zapfenreibung ist:

$$R = 0,06 \cdot 5000,$$
$$= 300 \text{ kg.}$$

Das der Drehung entgegenwirkende Moment der Zapfenreibung ist:

$$M = 300 \cdot 4,5 = 1350 \text{ cmkg.}$$

Führungsrolle (Feste Rolle) (Fig. 70 und 71) ist ein zweiarmiger Hebel, wird durch die Seilbiegungswiderstände aus einem gleicharmigen zu einem ungleicharmigen Hebel.

Ohne Verluste:

$$P_t = Q.$$

Praktisch:

$$P_w \cdot a = Q \cdot b + (P_w + Q)\, \mu_1 \cdot \frac{d}{2},$$

$$P_w = Q \cdot \frac{b + \mu_1 \cdot \dfrac{d}{2}}{a - \mu_1 \cdot \dfrac{d}{2}},$$

$$\boldsymbol{P_w = Q \cdot k}.$$

Mechanischer Wirkungsgrad[1]):

$$\eta = \frac{P_t}{P_w}, \qquad k = \frac{1}{\eta}.$$

Die Wege von Kraft und Last sind gleich groß:

$$s = h.$$

Lose Rolle. (Fig. 72.)
Ohne Verluste:

$$S = P_t = \frac{Q}{2}.$$

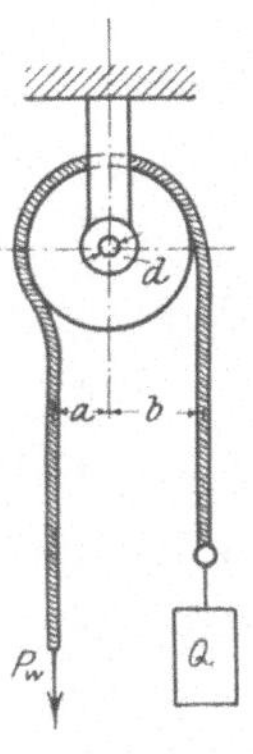

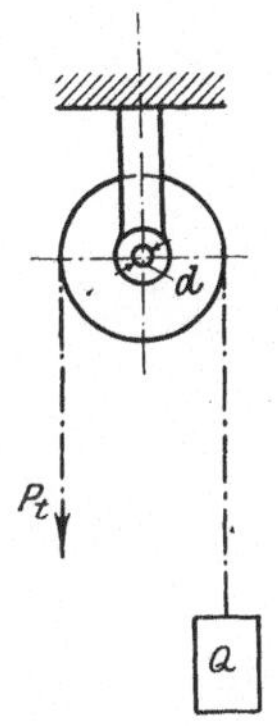

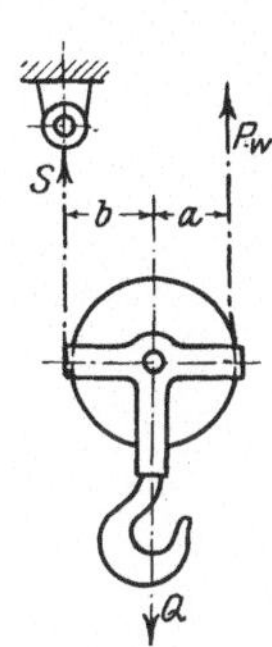

Fig. 70. Fig. 71. Fig. 72.

Praktisch:

$$\boldsymbol{P_w = S \cdot k,}$$

$$\frac{P_w}{k} = S,$$

$$P_w + S = Q,$$

$$P_w\left(1 + \frac{1}{k}\right) = Q,$$

$$\boldsymbol{P_w = \frac{Q \cdot k}{k + 1},}$$

η ist abhängig vom Verhältnis

$$\frac{\text{Seilstärke}}{\text{Rollendurchmesser}}.$$

___
[1]) Siehe auch „Mechanische Arbeit" IV, 5.

Bei Drahtseilen ist die Drahtstärke von großer Wichtigkeit. Der Weg der Kraft ist doppelt so groß wie der Weg der Last:

$$s = 2\,h.$$

Beispiel. Über eine Führungsrolle vom Durchmesser $D = 400$ mm läuft ein Drahtseil, an dessen freiem Ende eine Last $Q = 700$ kg angehangen ist. Das ablaufende Seilende ist senkrecht nach abwärts geführt angenommen. Der Zapfendurchmesser ist $d = 40$ mm. Das Verhältnis $\dfrac{b}{a} = 1{,}04$ sei durch Messung bestimmt. Dann ist

$$b = 204 \text{ mm},$$
$$a = 196 \text{ mm}.$$

Der Zapfenreibungskoeffizient ist:

$$\mu_1 = 0{,}08\,.$$

Es ergibt sich die Antriebskraft:

$$P_w = 700\,\frac{20{,}4 + 0{,}08 \cdot 2}{19{,}6 - 0{,}08 \cdot 2}\,,$$
$$P_w = \sim 740 \text{ kg}.$$

Der Rollenzapfen ist belastet durch:

$$P_w + Q = 1440 \text{ kg}.$$

Das Moment des Reibungswiderstandes am Zapfen ist:

$$M = 1440 \cdot 0{,}08 \cdot 2 = 230 \text{ cmkg}.$$

2. Spurzapfen (Fig. 73). Die Zapfenbelastung wirkt in der Zapfenachse. Die Druckverteilung ist bei dem ebenen Spurzapfen im neuen Zustande gleichmäßig. Bei einem aus der Druckfläche herausgeschnitten gedachten Sektor (der hier als Dreieck angesehen werden kann), greift also die Mittelkraft aller auf ihn entfallenden Drücke im Abstande $\frac{2}{3}\,r$ von der Zapfenachse an. Der Drehung des Zapfens wirkt entgegen beim neuen Zapfen:

$$M = \mu_1 \cdot Q \cdot \tfrac{2}{3} \cdot r,$$

Bei dem Einlaufen des Spurzapfens werden die dem Umfang der Druckfläche nahen Teile stärker abgenützt als die nach der Drehachse zu liegenden Teile. Deshalb tritt außen eine Verminderung des Druckes zwischen Zapfen und Spurplatte ein. Die auf jeden Teilsektor wirkende Mittelkraft rückt daher näher an die Drehachse heran. Das Moment der Zapfenreibung wird dann

$$M = \mu_1 \cdot Q\,\frac{r}{2}\,.$$

Seilreibung.

(Reibung von Seilen, Riemen und Bremsbändern am Umfang ihrer Scheiben.)

Beispiel. Einfache Bandbremse (Fig. 74).

1. Momentengleichung für den Bremshebel:

$$P \cdot a = S_2 \cdot b,$$

$$P \cdot \frac{a}{b} = S_2.$$

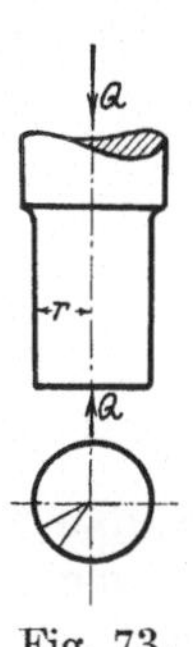

Fig. 73.

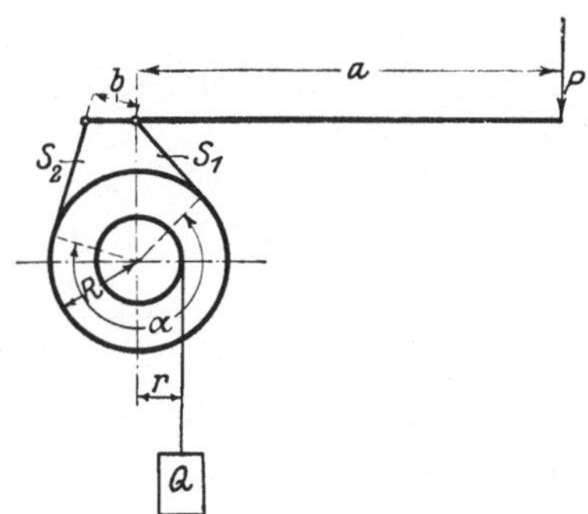

Fig. 74.

2. Momentengleichung für die Trommelwelle in deren Gleichgewichtslage:

$$S_2 \cdot R + Q \cdot r - S_1 \cdot R = 0,$$

$$\frac{S_2 \cdot R + Q \cdot r}{R} = S_1,$$

$$S_2 < S_1.$$

Die Last sucht die Bremsscheibe in der Figur im Sinne des Uhrzeigers zu drehen; die Scheibe spannt hierbei das Band an der rechten Seite an (S_1), auf der anderen Seite wird das Bremsband teilweise entspannt (S_2).

Es gilt die Gleichung:

$$\boldsymbol{S_1 = S_2 \cdot e^{\mu \cdot \alpha}}.$$

Hierin ist:

$$e = 2{,}718$$

(Grundzahl des natürlichen Logarithmensystems).

μ ist die **Reibungsziffer** zwischen Band und Bremsscheibe, α ist der **Umspannungswinkel in Bogenmaß**.

Durch die Vereinigung und Umrechnung der beiden Gleichungen ergibt sich:

$$P = \frac{Q \cdot r \cdot b}{R \cdot (e^{\mu \cdot \alpha} - 1) \cdot a}.$$

Beispiel. Für eine Bandbremse nach Fig. 74 ist:

$$Q = 500 \text{ kg}, \qquad r = 125 \text{ mm},$$
$$R = 250 \text{ mm},$$
$$a = 1000 \text{ mm}, \qquad b = 50 \text{ mm},$$
$$\alpha = 252°, \qquad \frac{\alpha}{360°} = 0{,}7,$$

$$\mu = 0{,}18 \text{ (Stahlband auf gußeiserner Trommel)},$$
$$e^{\mu \cdot \alpha} = 2{,}21.$$

$$P = \frac{500 \cdot 125 \cdot 50}{250 \cdot 1{,}21 \cdot 1000} = 10{,}3 \text{ kg},$$

$$S_2 = \frac{P \cdot a}{b} = 10{,}3 \cdot \frac{1000}{50} = 206 \text{ kg},$$

$$S_1 = S_2 \cdot e^{\mu \cdot \alpha} = 206 \cdot 2{,}21 = 455 \text{ kg}.$$

Riementrieb (Fig. 75). Die Spannung im ziehenden Riementeil ist größer als diejenige im gezogenen.

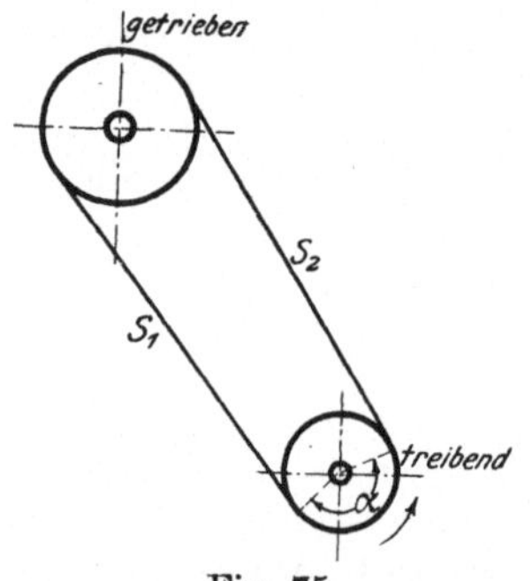

Fig. 75.

$$S_1 = S_2 \cdot e^{\mu \cdot \alpha},$$

μ veränderlich.

α ist der kleinere der beiden Umspannungswinkel.

Für mittlere Verhältnisse angenähert:

$$S_1 = \sim 2\, S_2.$$

Der Achsdruck ist daher:

$$Q = 3\, S_2.$$

Die zu übertragende Umfangskraft[1]) ist:

$$P = S_1 - S_2 = \sim S_2.$$

Beispiel. Für Leder (etwas gefettet) auf Gußeisen gilt $\mu = 0{,}28$. Der umspannte Bogen ist $\alpha = 2{,}5$. Es ist

$$S_1 = S_2 \cdot e^{\mu \cdot \alpha},$$

$$\log e^{\mu \cdot \alpha} = \mu\, \alpha \log e,$$
$$= 0{,}28 \cdot 2{,}5 \cdot 0{,}43,$$
$$= 0{,}3,$$
$$0{,}3 = \log 2,$$

$$S_1 = 2\, S_2.$$

---

1) Übertragene Leistung. IV, 6.

B. Rollende Reibung.

Fig. 76a und b. Rollende Bewegung ist dann vorhanden, wenn der zurückgelegte Weg gleich ist dem zur Berührung gekommenen Umfange des bewegten Rades (Kugel usw.). An der Berührungsstelle tritt eine dauernde oder augenblickliche Abflachung des Rades und eine Eindrückung der Bahn ein. Bei der Weiterbewegung muß das Rad um den Punkt O gedreht werden. Dem widersteht das Moment:

$$M = Q \cdot f.$$

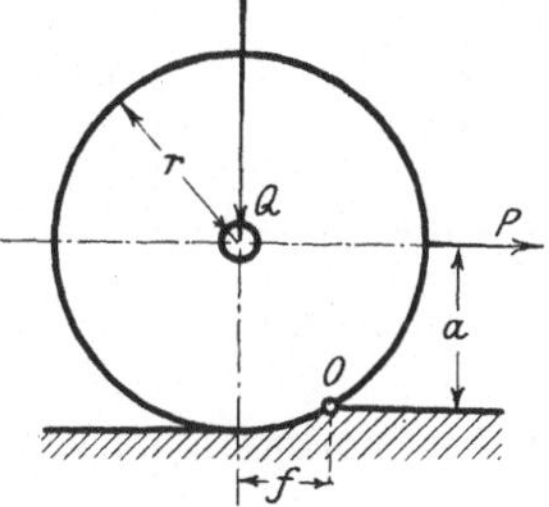

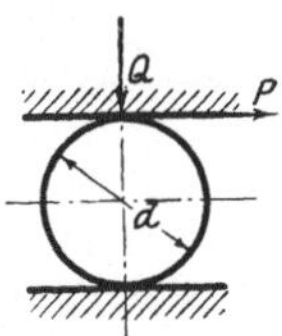

Fig. 76a.   Fig. 76b.

Für den Beharrungszustand muß sein:

$$P \cdot a = Q \cdot f$$

oder, da $a = \sim r$,

$$P \cdot r = Q \cdot f.$$

f heißt der Koeffizient der rollenden Reibung. f ist eine Länge.

Die Kugeln eines Kugellagers laufen zwischen zwei Laufringen. In Fig. 76b ist eine Kugel des Lagers angedeutet. Bei der Verschiebung des oberen Laufringes durch die Kraft P ist am oberen und unteren Berührungspunkte der Kugel rollende Reibung zu überwinden.

$$P \cdot d = Q \cdot 2 f.$$

(Das Kugelgewicht ist hierbei vernachlässigt. Die Reibung ist oben und unten gleich groß angenommen.)

Beispiel. Die Kugeln eines Kugellagers haben $d = 15$ mm Durchmesser. Eine Kugel hat $Q = 225$ kg zu tragen. Für die Bewegung von Stahl auf Stahl ist $f = 0,001$ cm.

$$P \cdot 1,5 = 225 \cdot 2 \cdot 0,001 ,$$
$$P = 0,3 \text{ kg}.$$

Bei gleitender Reibung würde sich mit $\mu = 0,06$ ergeben

$$P = \mu \cdot Q = 0,06 \cdot 225 = 13,5 \text{ kg}.$$

17. Schiefe Ebene.

I. Auf den auf der schiefen Ebene (Fig. 77) liegenden Körper wirken die Kräfte:

1. Parallel zur schiefen Ebene

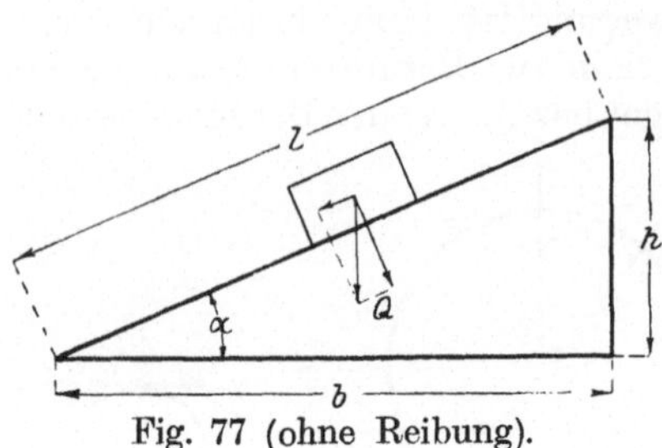

Fig. 77 (ohne Reibung).

nach abwärts

$$Q \cdot \sin \alpha ,$$

nach aufwärts

$$Q \cdot \cos \alpha \cdot \mu .$$

Die Reibung widersteht dem Abgleiten.

Abgleiten findet statt, wenn

$$Q \cdot \sin \alpha > Q \cdot \cos \alpha \cdot \mu .$$

Gleichgewicht ist vorhanden, wenn

$$Q \cdot \sin \alpha < Q \cdot \cos \alpha \cdot \mu$$

und wenn

$$Q \cdot \sin \alpha = Q \cdot \cos \alpha \cdot \mu ,$$
$$\operatorname{tg} \alpha = \mu ,$$
$$\operatorname{tg} \alpha = \operatorname{tg} \varrho .$$

Dann ist der **Neigungswinkel** α der schiefen Ebene gleich dem **Reibungswinkel**

$$\sin \alpha = \frac{h}{l} ,$$

$$\operatorname{tg} \alpha = \frac{h}{b} ;$$

h ist die Höhe oder Steigung der schiefen Ebene,
l ist die Länge der schiefen Ebene.

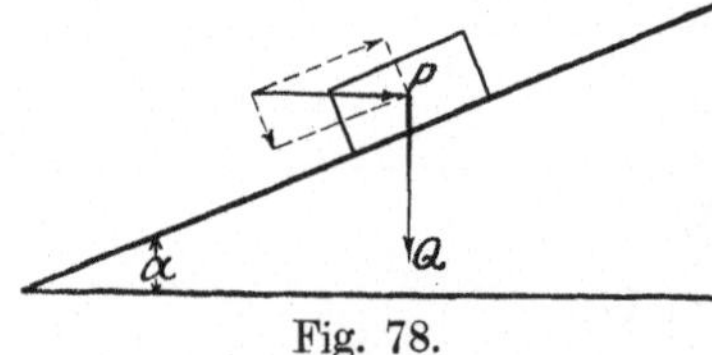

Fig. 78.

2. **Senkrecht gegen die schiefe Ebene.**

$$Q \cdot \cos \alpha .$$

II. Der Körper vom Gewicht Q soll durch die wagerecht wirkende Kraft P auf der schiefen Ebene gehoben werden. (Eine mit Q belastete Schraubenmutter soll auf der Schraubenspindel in die Höhe geschraubt werden.) (Fig. 78).

a) Schraube.

Die geometrische Schraubenlinie (Fig. 79) ist entstanden zu denken durch das Aufwickeln des Steigungsdreiecks auf einen Zylinder.

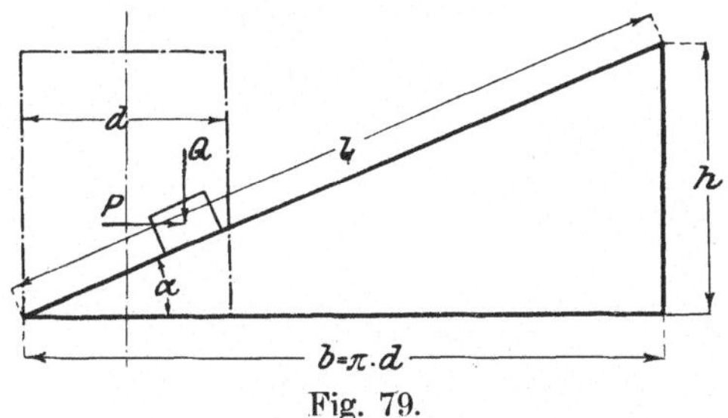

Fig. 79.

$$P \cdot \cos\alpha = Q \cdot \sin\alpha + \mu \cdot (Q \cdot \cos\alpha + P \cdot \sin\alpha).$$

$$P = \frac{Q\,(\sin\alpha + \mu \cdot \cos\alpha)}{\cos\alpha - \mu \cdot \sin\alpha},$$

$$\mu = \operatorname{tg}\varrho = \frac{\sin\varrho}{\cos\varrho},$$

$$P = Q \cdot \frac{\dfrac{\sin\alpha \cdot \cos\varrho + \sin\varrho \cdot \cos\alpha}{\cos\varrho}}{\dfrac{\cos\alpha \cdot \cos\varrho - \sin\varrho \cdot \sin\alpha}{\cos\varrho}},$$

$$\boldsymbol{P = Q \cdot \operatorname{tg}(\alpha + \varrho).}$$

Drehung der Schraube:

An der Schraube ist P im Abstande r des mittleren Gewindehalbmessers wirkend angenommen (Fig. 78).

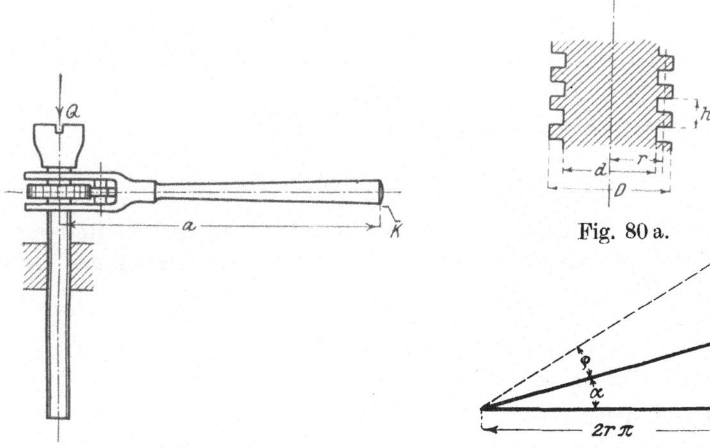

Fig. 80 a.

Fig. 80 b.

Fig. 80 c.

$$\frac{h}{l} = \sin\alpha, \qquad \frac{2\,r\cdot\pi}{l} = \cos\alpha,$$

$$P = Q\cdot\frac{h + \mu\cdot 2\,r\cdot\pi}{2\,r\cdot\pi - \mu\cdot h},$$

$$\frac{P\cdot r}{a} = K,$$

$$K = Q\cdot\frac{r}{a}\cdot\frac{h + \mu\cdot 2\,r\cdot\pi}{2\,r\cdot\pi - \mu\cdot h},$$

$$\boldsymbol{K = Q\cdot\frac{r}{a}\cdot \mathbf{tg}\,(\alpha + \varrho).}$$

III. Die wagerecht wirkende Kraft P soll der auf der schiefen Ebene befindlichen Last Q das Gleichgewicht halten (Fig. 81).

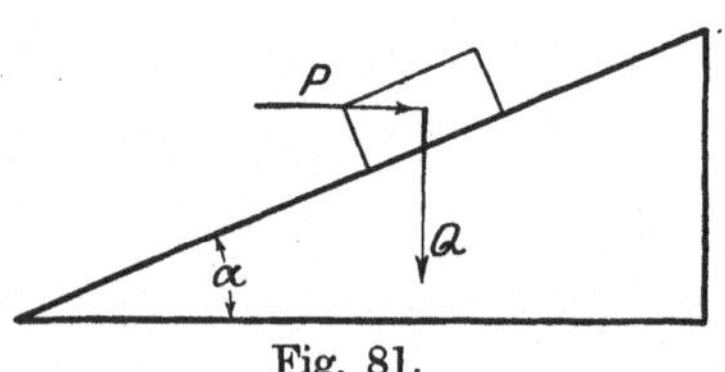

Fig. 81.

$$\alpha > \varrho.$$

Ohne Reibung:

$$Q_t = \frac{P}{\mathrm{tg}\,\alpha}.$$

Mit Reibung:

$$Q_w = \frac{P}{\mathrm{tg}\,(\alpha - \varrho)} =$$

[Ansatz: $Q\cdot\sin\alpha - \mu\cdot Q\cdot\cos\alpha - \mu\cdot P\cdot\sin\alpha - P\cdot\cos\alpha = 0$].

$$\eta = \frac{Q_t}{Q_w},$$

$$= \frac{\mathrm{tg}\,(\alpha - \varrho)}{\mathrm{tg}\,\alpha}.$$

Bewegung der Schraube durch die Last ist nur möglich, wenn

$$\alpha > \varrho.$$

Zum Festhalten der Last ist erforderlich:

$$\boldsymbol{K' = Q\cdot\frac{r}{a}\cdot \mathbf{tg}\,(\alpha - \varrho).}$$

Hierbei ist der Einfachheit halber angenommen, daß die Reibungsziffer der Ruhe gleich ist der Reibungsziffer der Bewegung. Für $\alpha = \varrho$ ist $K' = 0$.

Wenn

$$\alpha < \varrho,$$

bleibt die Last in jeder Lage stehen. Dann besitzt die Schraube Selbsthemmung[1]).

---

[1]) Siehe IV, 5.

IV. Zum Senken der Last ist die Kraft

$$K' = Q \cdot \frac{r}{a} \cdot \mathrm{tg}\,(\alpha - \varrho)\,; \quad \alpha < \varrho$$

erforderlich.

K' ergibt sich jetzt negativ, d. h. es muß die entgegengesetzte Richtung haben wie oben.

Beispiel. Eine Hubschraube (Fig. 80) hat den Kerndurchmesser

$$d = 44\ \mathrm{mm},$$

den äußeren Durchmesser

$$D = 54\ \mathrm{mm},$$

die Steigung

$$h = 10{,}6\ \mathrm{mm},$$

den mittleren Gewindehalbmesser

$$r = 24{,}5\ \mathrm{mm}.$$

$$\mathrm{tg}\,\alpha = \frac{h}{2\,r\cdot\pi} = \frac{10{,}6}{153{,}9} = 0{,}069\,,$$

$$\alpha = 4°.$$

Dem Reibungskoeffizienten

$$\mu = 0{,}1$$

entspricht der Reibungswinkel

$$\varrho = 5°\,50',$$

$$\alpha + \varrho = 9°\,50'.$$

Am Hebelarm

$$a = 1\ \mathrm{m}$$

soll nach Fig. 80b die Kraft K wirken und die Last heben.

$$K = Q \cdot \frac{r}{a} \cdot \mathrm{tg}\,9°\,50',$$

$$Q = 6000\ \mathrm{kg},$$

$$= 6000 \cdot \frac{24{,}5}{1000} \cdot 0{,}17 = 25\ \mathrm{kg}.$$

Zum Senken der Last ist am Hebelarm a erforderlich:

$$K' = Q \cdot \frac{r}{a} \cdot \mathrm{tg}\,(\alpha - \varrho)\,.$$

$$\alpha - \varrho = -1°\,50',$$

$$\mathrm{tg}\,-1°\,50' = -\mathrm{tg}\,1°\,50'.$$

$$K' = 6000 \cdot \frac{24{,}5}{1000} \cdot (-0{,}032) = -4{,}7\ \mathrm{kg}.$$

Bewegungsschrauben (Fig. 82).

Flachgängiges Gewinde. Auf 1 qcm der Fläche des Gewindeganges wirkt der Druck N senkrecht gegen diese Fläche.

Senkrechte Seitenkraft:

$$N \cdot \cos \alpha = P'.$$

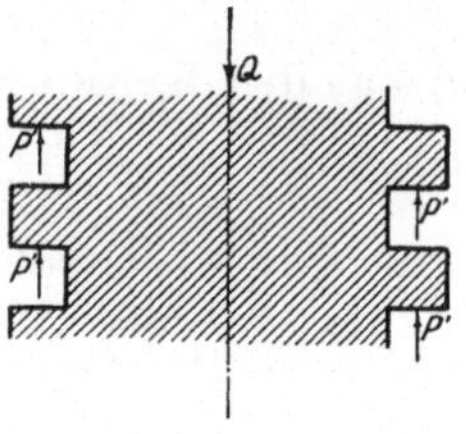

Fig. 82 a.

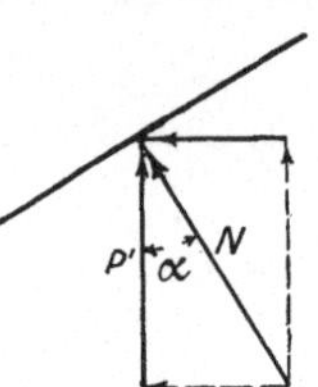

Fig. 82 b.

Wagerechte Seitenkraft:

$$N \cdot \sin \alpha .$$

Die einzelnen wagerechten Seitenkräfte, die auf einen vollen Gewindegang wirken, heben sich gegenseitig auf.

Das ganze Gewinde habe f qcm Fläche. Dann ist:

$$f \cdot P' = Q .$$

Q ist die Belastung der Schraube. Bei der Bewegung der Schraube ist zu überwinden der Reibungswiderstand

$$\mu \cdot f \cdot N = \mu \cdot \frac{Q}{\cos \alpha} .$$

Befestigungsschrauben (Fig. 83).

Scharfgängiges Gewinde. Auf 1 qcm der Gewindefläche senkrecht gegen diese Fläche wirkt der Druck N. Dessen Seitenkräfte wie oben:

$$N \cdot \cos \alpha = P',$$

$$N \cdot \sin \alpha .$$

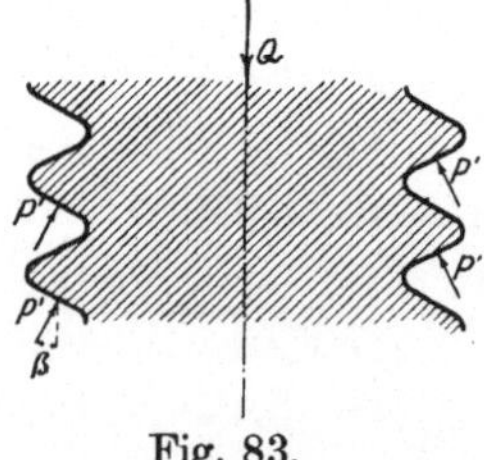

Fig. 83.

Die Kraft P' wirkt hier aber nicht senkrecht, sondern um den Winkel β gegen die Schraubenachse geneigt. Die Wirkungslinie von P' schneidet die Schraubenachse unter dem Winkel β. Die Kraft P' ergibt also die senkrechte Seitenkraft:

$$P' \cdot \cos \beta .$$

Also muß sein:

$$f \cdot P' \cdot \cos \beta = Q .$$

Bei der Bewegung der Schraube zu überwindender Reibungs-widerstand:

$$\mu \cdot f \cdot N = \mu \cdot f \cdot \frac{P'}{\cos \alpha} \,,$$

$$\mu \cdot f \cdot N = \mu \cdot \frac{Q}{\cos \alpha \cdot \cos \beta} \,.$$

Für Whitworthgewinde ist:

$$\beta = 27° \, 30',$$

$$\cos \beta = 0{,}88 \,,$$

$$\frac{1}{\cos \beta} = \sim 1{,}13 \,.$$

Der bei der Bewegung der Schraube zu überwindende Reibungs-widerstand ist also für Whitworthgewinde $\sim 1{,}13$ mal so groß als für Flachgewinde. Also ist auch der dem Lösen entgegenwirkende Widerstand bei scharfgängigem Gewinde größer als bei Flachge-winde.

b) Keil.

Spaltwirkung des Keiles (Fig. 84).

Die Drücke D, D weichen wegen der an den Seiten auftretenden Reibung um den Reibungswinkel ϱ von der Flächen-Senkrechten

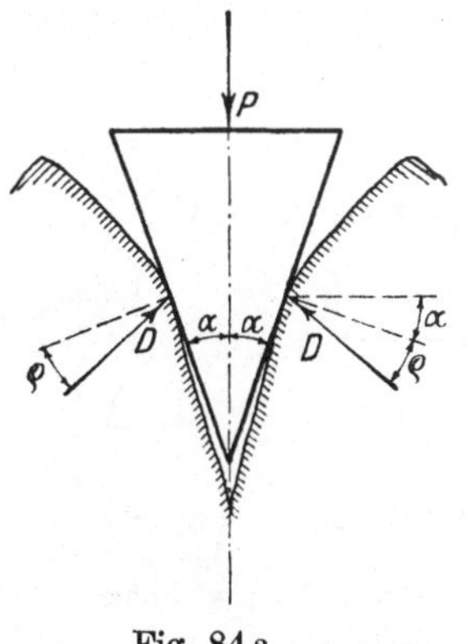

Fig. 84 a.

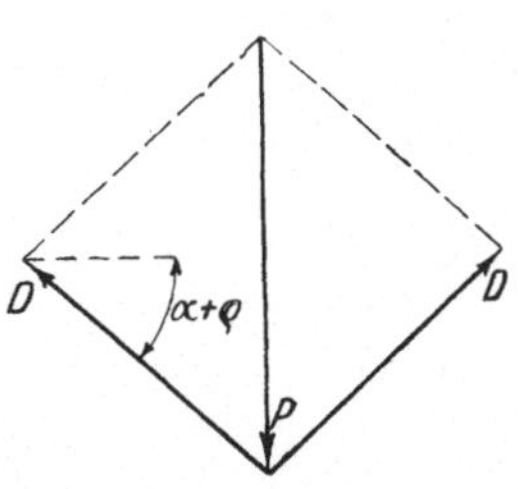

Fig. 84 b.

ab. Bei gleichförmiger Bewegung des Keiles müssen die drei Kräfte D, P und D miteinander im Gleichgewicht sein.

$$P = 2 \, D \sin (\alpha + \varrho) \,.$$

Anwendung: Schneidstähle. (Bei den Schnellschnittstählen nimmt man an, daß, wie in der Fig. 85, das Material abspaltet, ohne die Schneidkante zu berühren.)

$$D_1 = \sim D_2 .$$

$P \sin \alpha$ drückt den Stahl gegen das Werkstück.

$P \cos \alpha$ schiebt den Stahl (oder das Werkstück) parallel zur Arbeitsfläche vorwärts.

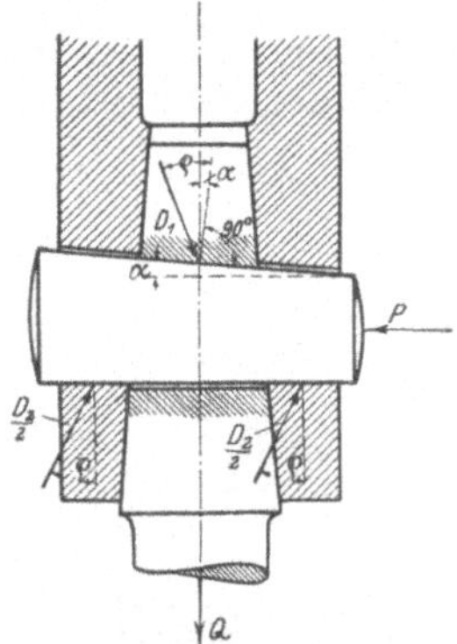

Fig. 85.

Keilverbindung (Fig. 86).

Sicherheit gegen selbsttätige Lösung des Keiles.

Zum Lösen des Keiles ist erforderlich die Kraft:

$$P = D_1 \cdot \sin(\varrho - \alpha) + D_2 \cdot \sin\varrho .$$

Eine selbsttätige Lösung des Keiles würde eintreten, wenn er bereits bei der Kraft

$$P = 0 ,$$

nur durch die an der Stange ziehende Kraft Q, aus der Hülse herausgetrieben werden würde.

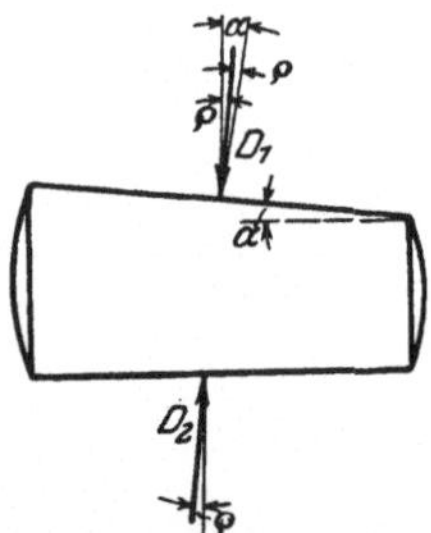

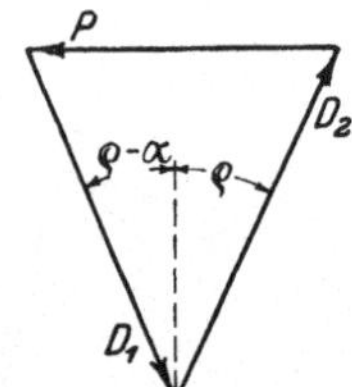

Fig. 86 a.   Fig. 86 b. Grenzlage.   Fig. 86 c. Schema der auf den Keil wirkenden Kräfte.

$$D_1 \sin(\varrho - \alpha) + D_2 \sin\varrho = 0 ,$$
$$D_2 \sin\varrho = - D_1 \sin(\varrho - \alpha) ,$$
$$D_2 \cos\varrho = D_1 \cdot \cos(\varrho - \alpha) ,$$
$$D_2 = D_1 \cdot \frac{\cos(\varrho - \alpha)}{\cos\varrho} .$$

$$D_1 \cdot \frac{\cos(\varrho - \alpha)}{\cos\varrho} \cdot \sin\varrho = - D_1 \sin(\varrho - \alpha),$$

$$\mathrm{tg}\,\varrho = - \frac{\sin(\varrho - \alpha)}{\cos(\varrho - \alpha)},$$

$$\mathrm{tg}\,\varrho = - \mathrm{tg}(\varrho - \alpha),$$

$$\mathrm{tg}\,\varrho = \mathrm{tg}(\alpha - \varrho),$$

$$\varrho = \alpha - \varrho,$$

$$2\,\varrho = \alpha,$$

d. h. es muß sein:

$$\alpha \leqq 2\,\varrho,$$

damit die Keilverbindung Selbsthemmung besitzt. Wenn

$$\alpha > 2\,\varrho$$

wäre, so würde der Keil durch den an der Stange wirkenden Zug Q aus der Hülse herausgedrückt werden. D_1 und D_2 würden dann eine in der Figur nach links gerichtete Mittelkraft ergeben.

III. Festigkeitslehre.

Die Festigkeitslehre untersucht die Wirkung der Kräfte auf die Baustoffe, die Fortleitung der Kräfte als sog. innere Kräfte durch die Stoffe und die Formänderungen der letzteren. Die Rechnungen werden aufgebaut auf Versuchen und Annahmen, die sich der Wirklichkeit möglichst nähern, dabei aber doch auch Vernachlässigungen vornehmen, ohne daß das Maß der Genauigkeit, das für die einzelne vorliegende Aufgabe erforderlich ist, beeinträchtigt wird. Die Richtigkeit der Annahmen ist für diejenige des Ergebnisses von viel höherer Bedeutung als die nur scheinbare zu weit getriebene Genauigkeit der reinen Rechnung. So wäre z. B. die Berechnung eines Querschnittes in qcm, auf viele Dezimalstellen genau, überflüssig und falsch, wenn der Rechnung eine ruhig wirkende statt einer tatsächlich stoßweise auftretenden Belastung zugrunde gelegt würde.

Von technischem Belange ist hierbei in jedem einzelnen Falle die Frage nach dem **gefährlichen**, d. h. dem **schwächsten** oder dem **am stärksten beanspruchten Querschnitt**, in **welchem bei Überlastung des betr. Maschinenteiles dessen Zerstörung eintreten würde.**

Für den Ansatz der Rechnung werden alle Einzelheiten, die hierfür nicht in Betracht kommen, zugunsten größtmöglicher Klarheit beiseite gelassen. Die Aufgabe wird auf ihre Kernfrage zurück-

geführt. So wird in der Biegungslehre bei der Frage nach Biegungs-
momenten ein Zapfen oder eine Welle in der Zeichnung zunächst
einfach als dicker Strich angedeutet, z. B. in Fig. 115.

1. Zugfestigkeit.

Ein durch Q kg nach Fig. 87 belasteter Stab von der ursprünglichen Länge l wird um λ verlängert. Das Verhältnis

$$\frac{\lambda}{l} = \varepsilon = \text{Verlängerung der Längeneinheit}$$

heißt Dehnung. Mit der Verlängerung hängt zusammen eine Verminderung des Querschnittes. An der Stelle, an welcher bei Steigerung

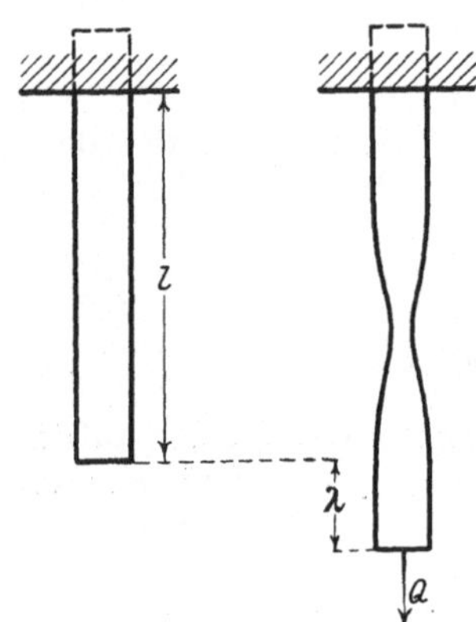

Fig. 87.

der Belastung schließlich das Zerreißen
erfolgt, bildet sich vorher eine besonders
starke Einschnürung. F = Querschnitt in
qcm. Die Belastung der Flächeneinheit,

$$\frac{Q}{F} = \sigma$$

heißt die Beanspruchung (hier die wirklich hervorgerufene) des Materiales. Es
ist hierbei angenommen, daß die Beanspruchung an den verschiedenen Stellen
eines Querschnittes die gleiche ist.

Benennung: kg/qcm.

Das Hookesche Gesetz besagt:

Die Dehnungen sind proportio-
nal den Spannungen.

$$\varepsilon = \alpha \cdot \sigma.$$

α ist die Dehnungszahl. Sie gibt die Verlängerung eines
Stabes von 1 cm ursprünglicher Länge und 1 qcm ursprünglichem
Querschnitt durch die Last 1 kg.

$$\frac{1}{\alpha} = E$$

ist das Elastizitätsmaß.

Das Hookesche Gesetz gilt nur für mäßige Belastungen
und angenähert, für Gußeisen gar nicht.

Die Dehnungen können elastische oder bleibende sein. Ist
das letztere der Fall, so ist die Elastizitätsgrenze des betreffenden
Materials durch die Belastung überschritten worden. Die Grenze
der Beanspruchung, bei welcher ein Zerreißen eintritt, heißt die

Zugfestigkeit. Die zulässige Beanspruchung ist geringer als die Festigkeit. Das Verhältnis

$$\frac{\text{Festigkeit}}{\text{zulässige Beanspruchung}}$$

heißt Sicherheitsgrad.

Das Spannungs-Dehnungsdiagramm (Fig. 88), das während eines Zerreißversuches von der Zerreißmaschine aufgezeichnet wird, läßt die Formänderungen des Versuchsstabes infolge der allmählich gesteigerten Belastung erkennen. Die Abszissen entsprechen den Dehnungen, die Ordinaten den ursächlichen Spannungen.

Die Ordinate σ_p, bis zu der die Dehnungen etwa im gleichen Verhältnis wie die Spannungen wachsen, heißt die Proportionalitätsgrenze. Hiermit fällt etwa die Ela

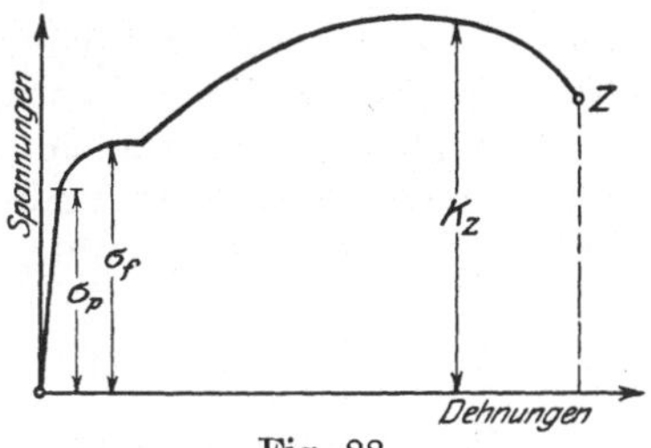

Fig. 88.

stizitätsgrenze zusammen. σ_f bezeichnet die Streck- oder Fließgrenze, bei der ohne Steigerung der Spannung eine starke Dehnung eintritt. K_z deutet die Zerreißfestigkeit des Stoffes an.

$$\text{Festigkeit} = \frac{\text{Größte Belastung}}{\text{ursprüngl. Stabquerschnitt}},$$

Das wirkliche Zerreißen tritt erst im Punkte Z ein, also bei etwas geringerer als der höchsten Spannung und in einem Querschnitt, der kleiner ist als der ursprüngliche.

Für Flußeisen gilt

$$\sigma_p = 1800 \text{ kg/qcm},$$
$$\sigma_f = 2000 \quad \text{,,}$$
$$K_z = 4000 \quad \text{,,}$$

Der Sicherheitsgrad wird verschieden hoch gewählt, und zwar um so geringer, je mehr Gewichtsersparnisse eine Rolle spielen und je zuverlässiger die Güte des Baustoffes ist. Es bleibt aber auch zu berücksichtigen, daß der Baustoff nicht erst im Augenblick des Zerreißens zerstört ist, sondern daß schon viel früher, bei Erreichung der Elastizitätsgrenze seine Güte vernichtet ist.

Drei Belastungsfälle:

 I. Ruhende Belastung. Die Belastung wirkt dauernd in gleicher Größe nach derselben Richtung.

II. Die Belastung wirkt stets nach derselben Richtung. Die Größe der Belastung ändert sich zwischen 0 und einem größten Wert Q. Schwellende Belastung.

III. Größe und Richtung der Belastung ändern sich. Wechselnde Belastung.

Die Verlängerung ist bestimmt durch die Formel:

$$\lambda = \frac{Q}{F} \cdot \frac{l}{E} = \frac{\sigma \cdot l}{E} = \sigma \alpha l,$$

σ ist die hervorgerufene Spannung. Die Verlängerung ist um so größer, je größer die Belastung und die Stab- oder Faserlänge, je kleiner aber gleichzeitig der Stabquerschnitt und je kleiner das Elastizitätsmaß des betreffenden Materiales ist.

Es ergibt sich die Dehnung:

$$\frac{\lambda}{l} = \frac{k_z}{E} = \varepsilon.$$

Die Berechnung eines auf Zug beanspruchten Körpers erfolgt nach der Formel:

$$Q = F \cdot k_z.$$

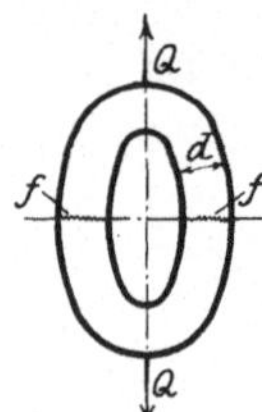

Fig. 89.

Es bedeutet:

Q die Last in kg,

F den gesamten, auf Zug beanspruchten (gefährlichen) Querschnitt in qcm,

k_z die zulässige Zugbeanspruchung in kg/qcm.

Der auf Zug beanspruchte Querschnitt liegt senkrecht zur Kraftrichtung.

Beispiel. Fig. 89. Eine Gliederkette soll die Last $Q = 1000$ kg tragen. Die in den Querschnitten f hervorgerufene Zugbeanspruchung soll nicht größer sein als $k_z = 600$ kg/qcm.

$$Q = F \cdot k_z,$$

$$F = 2 \cdot f = 2 \cdot \frac{\pi \cdot d^2}{4},$$

$$2 \cdot f = \frac{1000}{600},$$

erforderlich: $\qquad f = 0{,}83$ qcm,

gewählt nach Tabelle $\qquad f = 0{,}95$ qcm, $d = 11$ mm.

2. Druckfestigkeit.

Die Last ruft eine Verkürzung und im Zusammenhang damit eine Vergrößerung des Querschnittes an dem beanspruchten Körper hervor (Fig. 90).

Der auf Druck beanspruchte Querschnitt F **liegt senkrecht zur Kraftrichtung.**

Bei der Berührung von zwei verschiedenen Materialien ist ausschlaggebend k des weniger festen Materiales. Siehe **Fundamentfläche** des gemauerten quadratischen Pfeilers (Fig. 91).

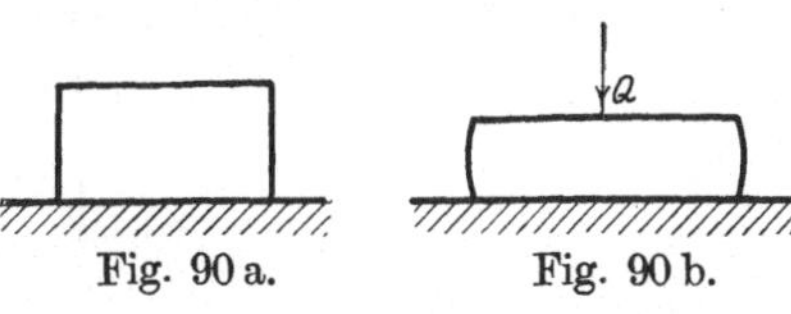

Fig. 90 a.   Fig. 90 b.

Druckfestigkeit und Sicherheitsgrad entsprechend wie oben bei Zug. Berechnet wird nach der Formel:

$$Q = F \cdot k.$$

Bei einem nach der Fig. 92 durch Q belasteten Zapfen rechnet man als gedrückte Fläche

$$F = l \cdot d,$$

d. h. die Projektion des Zapfens.

Unter der Annahme, daß die Schale den Zapfen am halben Umfange berührt, sind die nach dem Mittelpunkt gerichteten Flächendrücke von verschiedener Größe. Die Druckverteilung ist durch die Fig. 69 angedeutet.

Der Flächendruck des gegebenen Zapfens wird berechnet nach der Formel:

$$p = \frac{Q}{l \cdot d}.$$

NB. In Wirklichkeit berührt die Schale den Zapfen nicht am halben Umfange, sondern nur im oberen Teile.

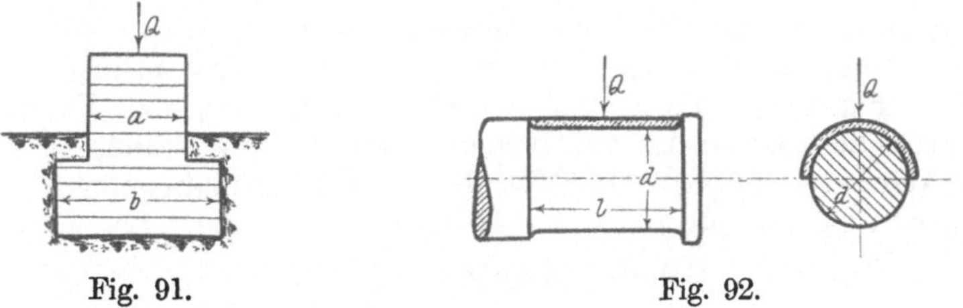

Fig. 91.   Fig. 92.

Beispiel. Ein gemauerter Pfeiler von quadratischem Querschnitt ist mit $Q = 20\,000$ kg belastet (Fig. 91).

Für Ziegelmauerwerk in Zementmörtel ist zulässig:

$$k = 12 \text{ kg/qcm},$$

$$a = \sqrt{\frac{20\,000}{12}} = 41 \text{ cm},$$

wegen des Steinmaßes gewählt:

$$a = 51 \text{ cm} \quad (2 \text{ Steine mit Fugen}).$$

Für den Baugrund ist zulässig:

$$k = 2 \text{ kg/qcm},$$

$$b = \sqrt{\frac{20\,000}{12}} = 100 \text{ cm},$$

gewählt:

$$b = 103 \text{ cm} \quad (4 \text{ Steine mit Fugen}).$$

Beispiel. Ein Kurbelzapfen (Fig. 92) hat die Maße $l = 95$ mm, $d = 75$ mm und ist durch die Kraft $S = 4100$ kg belastet. Die Druckbeanspruchung des Zapfens ist:

$$k = \frac{4100}{7,5 \cdot 9,5} = \sim 58 \text{ kg/qcm}.$$

Beispiel. Der Gleitschuh eines Kreuzkopfes hat die Länge $l = 240$ mm und die Breite $b = 120$ mm. Der Schuh wird mit dem Normaldruck $N = 500$ kg gegen die Geradführung gedrückt. Es ist $k = 1,7$ kg/qcm. Der Flächendruck wird hier nur sehr gering zugelassen, weil die Reibungswege groß sind.

3. Scherfestigkeit (Schubfestigkeit).

Die Querschnitte, in denen infolge zu großer Belastung schließlich eine Trennung eintritt, werden parallel zueinander verschoben.

Betrachtet man im Material zwei um 1 cm voneinander entfernte Querschnitte, z. B. bei einer auf Verdrehung beanspruchten Welle (Fig. 134), so wird bei der Formveränderung eine Faser, die ursprünglich senkrecht auf beiden Querschnitten stand, sich um den Winkel γ drehen. Das Maß dieses Winkels in Bogenmaß heißt Schiebung entsprechend der Dehnung beim Zug. Der Quotient

$$\frac{\text{Schubspannung}}{\text{Schiebung}} = \frac{\tau}{\gamma} = G$$

heißt das Gleitmaß des betr. Stoffes.

Die auf Abscherung beanspruchten Querschnitte liegen parallel zu der Kraftrichtung.

Bei dem Stanzen eines Loches wird der Querschnitt

$$F = \pi \cdot d \cdot s$$

auf Abscherung beansprucht. $d = $ Lochdurchmesser, $s = $ Blechstärke.

Die Kraft Q ergibt sich aus der Formel:

$$Q = F \cdot K_s.$$

Hierin bedeutet K_s die Scherfestigkeit.

Ein auf Abscherung beanspruchter Maschinenteil ist zu berechnen nach der Formel:

$$Q = F \cdot k_s.$$

Beispiel. Fig. 93. Ein Flußeisenblech hat die Scherfestigkeit $K = 4000$ kg/qcm. Die Blechstärke ist $s = 10$ mm. Zum Stanzen eines Loches vom Durchmesser $d = 12$ mm ist erforderlich die Kraft:

$$Q = s \cdot \pi \cdot d \cdot 4000 = 15\,000 \text{ kg.}$$

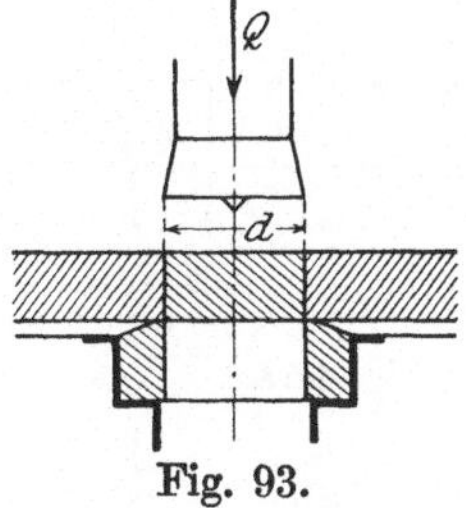

Fig. 93.

Beispiel. Der Querkeil einer Stangenverbindung nach Fig. 86a hat die mittlere Höhe $h = 30$ mm und die Stärke $s = 10$ mm. Die Stangenkraft beträgt $Q = 2000$ kg. Durch das Eintreiben des Keiles wird aber die Verbindung angespannt und auch bei $Q = 0$ belastet. Aus diesem Grunde wird unter Berücksichtigung der sog. Vorspannung die Stangenkraft größer als in Wirklichkeit zu $\sim 1{,}25\,Q$ der Rechnung zugrunde gelegt. Bei der Zerstörung des Keiles durch Abscherung würde das Mittelstück in der Kolbenstange, die beiden Seitenstücke in der Hülse bleiben. Die Zerstörung würde also in zwei Querschnitten eintreten. Die im Keil hervorgerufene Scherspannung ist

$$k_s = \frac{1{,}25 \cdot Q}{2\,s\,h} = \sim 415 \text{ kg/qcm.}$$

4. Biegungsfestigkeit.

A. Ableitung der Biegungsformel.

Der nach Maßgabe der Fig. 94 und 95 belastete Träger von ursprünglich gerader Achse wird durch die Last gekrümmt. Hierbei

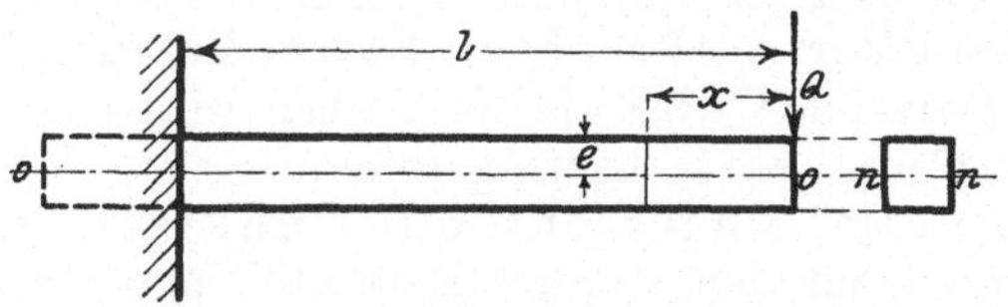

Fig. 94. Freiträger mit Einzellast.

werden zwei beliebige ursprünglich einander parallele Querschnitte F_1 und F_2 gegen einander gedreht. Es ist angenommen, daß beide Querschnitte vor und nach der Biegung **eben** sind. Bei der gegenseitigen Drehung beider Querschnitte werden die sie verbindenden Materialfasern teils verlängert, teils verkürzt. Die erste Fasergruppe erleidet also Zugspannungen (hier in der oberen Querschnittshälfte), die zweite Fasergruppe erleidet Druckspannungen (hier in der unteren Querschnittshälfte). Da die Dehnungen und Verkürzungen aber nach der Mitte zu abnehmen, so muß nach dem Hookeschen Gesetze geschlossen werden, daß auch die Zug- und Druckspannungen nach der Mitte zu abnehmen und daß in der Ebene OO gar keine Spannungen hervorgerufen werden. Neutrale Faserschicht. Neutrale Achse nn ist deren Schnittlinie mit dem Querschnitt.

Die größten oben und unten hervorgerufenen Spannungen dürfen, damit das Material nicht überanstrengt wird, nicht größer sein als die zulässigen Spannungen k_z und k. Die in der Entfernung y von OO hervorgerufene Zugspannung ist dann

$$k_z \cdot \frac{y}{e}.$$

In dem beliebigen Querschnitt F_2 wirkt das Moment (Fig. 94 und 95)

$$M_x = Q \cdot x.$$

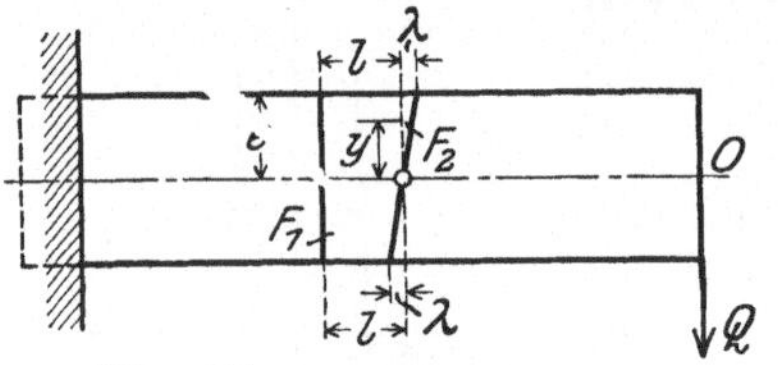

Fig. 95 a.

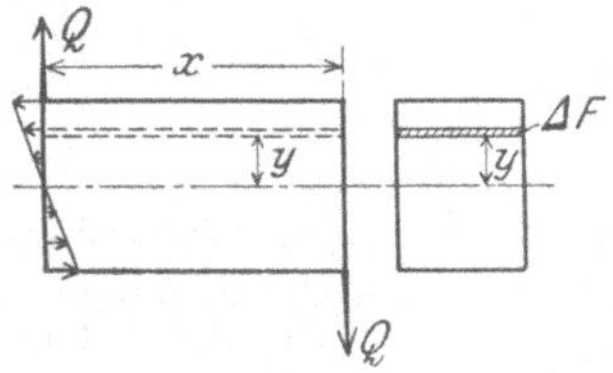

Fig. 95 b.

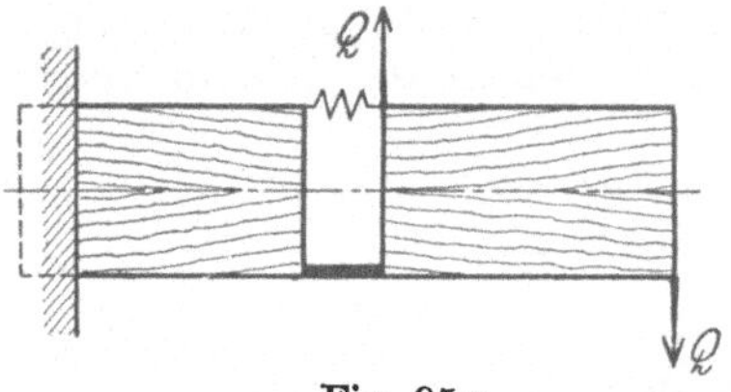

Fig. 95 c.

Damit in dem Querschnitt F_2 nicht der rechte Balkenteil von dem linken getrennt wird, müssen die allgemeinen Gleichgewichtsbedingungen für den rechten Balkenteil erfüllt sein:

1. **Summe aller senkrechten Seitenkräfte gleich 0.**

In dem Querschnitt wird ein nach oben wirkender Scherwiderstand Q, die **Querkraft**, hervorgerufen.

2. **Summe aller wagerechten Seitenkräfte gleich 0.**

In F_2 wirken auf den rechten Balkenteil nach links alle Zugspannungen und nach rechts alle Druckspannungen. Auf alle gleich weit von OO entfernten Punkte wirken gleiche Spannungen (Zug- oder Druck-). (Fig. 95 b.)

In Fig. 95 c ist der rechte — abgeschnittene — Balkenteil durch

die Querkraft Q, oben durch eine Feder und unten durch eine Druck-
stelze gehalten.

Auf den beliebigen Streifen ΔF wirkt die innere Kraft (hier Zug):

$$\frac{k}{e} \cdot y \cdot \Delta F.$$

Die Summe

$$\sum \cdot \frac{k}{e} \cdot y \cdot \Delta F = \frac{k}{e} \cdot \sum \cdot y \cdot \Delta F$$

aller dieser wagerechten Kräfte kann aber nur dann 0 sein, wenn

$$\sum \cdot y \cdot \Delta F = 0,$$

d. h. die Summe der statischen Momente aller Streifen, bezogen auf
die neutrale Achse, Null ist. Hieraus ergibt sich die Bedingung:

**Die neutrale Achse geht durch den Schwerpunkt des
Querschnittes.**

3. **Summe aller statischen Momente in bezug auf irgendeinen Drehpunkt gleich 0.**

$\mathfrak{P}$ als Drehpunkt angenommen.

Im Uhrzeigersinn dreht $Q \cdot x$. Gegen den Uhrzeiger drehen die
Zug- und Druckspannungen. Das Moment einer auf die Flächen-
Einheit im Abstand y von $0\,0$ wirkenden Zugspannung ist

$$k_z \cdot \frac{y}{e} \cdot y = k_z \cdot \frac{y^2}{e}.$$

Also hat die auf den sehr kleinen Streifen ΔF wirkende Zugkraft das Moment:

$$\frac{k_z}{e} \cdot y^2 \cdot \Delta F,$$

$$k_z = k_d = k.$$

Also ist die Summe aller dieser Momente, die sich für die einzelnen
Streifen ergeben:

$$\sum \cdot \frac{k}{e} \cdot y^2 \cdot \Delta F = \frac{k}{e} \cdot \sum y^2 \Delta F = Q \cdot x$$

Die Summe

$$\sum \cdot y^2 \cdot \Delta F = J \,{}^1)$$

heißt das äquatoriale Trägheitsmoment des betr. Querschnittes.
Benennung: cm⁴.

$$M_x = Q \cdot x = \frac{k \cdot J}{e},$$

${}^1)$ y hat für jeden einzelnen Streifen einen anderen Wert.

$$\frac{J}{e} = \frac{\text{Trägheitsmoment}}{\text{Abstand der äußersten Faser von } 0\,0},$$

$$= \text{Widerstandsmoment} \, \frac{J}{e} = W.$$

Benennung: cm³.

Die Spannung k entspricht hier der zulässigen Biegungsbeanspruchung k_b.

Bei Gußeisen ist für k_b maßgebend die zulässige Zugbeanspruchung, weil diese geringer ist als die zulässige Druckbeanspruchung.

Bei Gußeisen soll auf Zug diejenige Seite des Querschnittes beansprucht werden, deren äußerste Faser der neutralen Achse am nächsten liegt.

Zu rechnen ist nach der Biegungsformel:

$$\boldsymbol{M = Q \cdot l = W \cdot k_b.}$$

Für ein gegebenes Biegungsmoment ist also das erforderliche Widerstandsmoment (und damit die Balkenstärke) zu berechnen:

$$W = \frac{M}{k_b}.$$

B. Trägheitsmomente und Widerstandsmomente.

1. **Ein Rechteck** $b \cdot h$ ist nach Fig. 96 in vier gleiche Streifen $b \cdot a$ geteilt. Die Schwerpunkte der einzelnen Streifen f_1, f_2, f_3, f_4 haben von der Grundlinie die Abstände y_1, y_2, y_3, y_4:

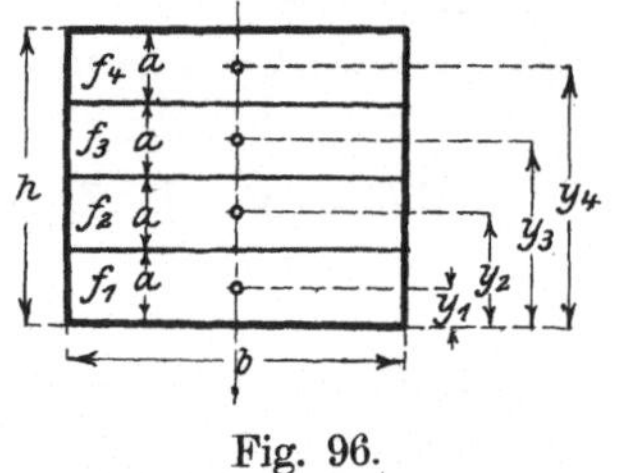

Fig. 96.

$$y_1 = \frac{a}{2}, \qquad y_2 = \frac{3a}{2},$$

$$y_3 = \frac{5a}{2}, \qquad y_4 = \frac{7a}{2}.$$

Es ist das äquatoriale Trägheitsmoment in bezug auf die Grundlinie:

$$J' = f_1 \cdot y_1^2 + f_2 \cdot y_2^2 + f_3 \cdot y_3^2 + f_4 \cdot y_4^2 = b \cdot a \left(\frac{a^2}{4} + \frac{9a^2}{4} + \frac{25a^2}{4} + \frac{49a^2}{4} \right),$$

$$= b \cdot a^3 \cdot \frac{84}{4},$$

$$a = \frac{h}{4},$$

$$= \frac{b \cdot h^3}{64} \cdot \frac{84}{4},$$

$$= \frac{b \cdot h^3}{3{,}047}.$$

Wenn man den auf S. 64 abgeleiteten Satz $J' = J + c^2 F$ hier anwendet, so ergibt sich schon bei 4 Streifen

$$J' = \frac{b \cdot h^3}{2{,}999}\,.$$

Führt man für dasselbe Rechteck die entsprechende Rechnung bei einer Teilung in 6 gleiche Streifen nur für die Grundlinie durch, so ist:

$$J' = f_1 \cdot y_1^2 + f_2 \cdot y_2^2 + \cdots f_6 \cdot y_6^2 = \frac{b \cdot h^3}{3{,}02}\,,$$

für 8 gleiche Streifen nur für die Grundlinie:

$$J' = f_1 \cdot y_1^2 + f_2 \cdot y_2^2 + \cdots f_8 \cdot y_8^2 = \frac{b \cdot h^3}{3{,}01}\,,$$

für sehr viele sehr schmale Streifen:

$$J' = f_1 \cdot y_1^2 + f_2 \cdot y_2^2 + \cdots f_n \cdot y_n^2 = \frac{\boldsymbol{b \cdot h^3}}{\mathbf{3}}\,.$$

2. Die Schwerpunktsentfernungen der einzelnen, z. B. 4 Streifen, werden auf die **wagerechte Schwerachse** des ganzen Rechteckes bezogen. Es wird die entsprechende Summe gebildet:

$$J = f_1 \cdot x_1^2 + f_2 \cdot x_2^2 + f_3 \cdot x_3^2 + f_4 \cdot x_4^2 = b \cdot a \cdot \left(\frac{9\,a^2}{4} + \frac{a^2}{4} + \frac{a^2}{4} + \frac{9\,a^2}{4}\right).$$

Und zwar sind[1]):

$$x_1 = -\frac{3}{2} \cdot a\,,$$

$$x_2 = -\frac{a}{2}\,,$$

$$x_3 = \frac{a}{2}\,,$$

$$x_4 = \frac{3\,a}{2}\,,$$

$$J = 5\,b \cdot a^3\,,$$

$$a = \frac{h}{4}\,,$$

$$J = \frac{b \cdot h^3}{12{,}8}\,.$$

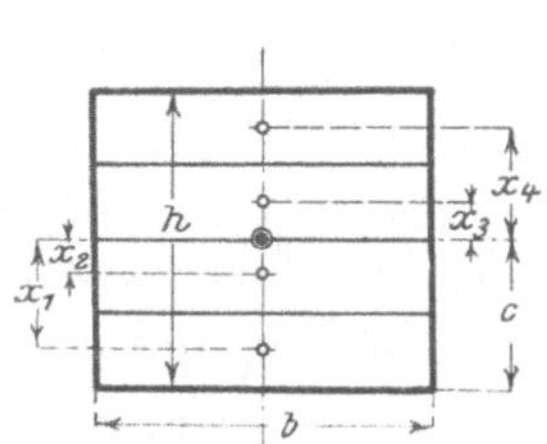

Fig. 97.

Wenn wieder statt 4 Streifen **sehr viele und sehr schmale** Streifen gewählt werden, so ergibt sich:

$$f_1 \cdot x_1^2 + f_2 \cdot x_2^2 + \cdots f_n \cdot x_n^2 = \boldsymbol{J} = \frac{\boldsymbol{b \cdot h^3}}{\mathbf{12}}\,.$$

---

[1]) Siehe auch: Zusammenhang der auf verschiedene parallele Achsen bezogenen Trägheitsmomente S. 64.

J ist das äquatoriale Flächenträgheitsmoment des Rechteckes, bezogen auf dessen wagerechte Schwerachse.

Das auf die wagerechte Schwerachse bezogene Widerstandsmoment des Rechteckes ist:

$$W = \frac{J}{\frac{h}{2}},$$

$$W = \frac{b \cdot h^2}{6}.$$

3. Zusammenhang der auf verschiedene parallele Achsen bezogenen Trägheitsmomente.

Nach Fig. 96 und 97 sind:

$$y_1 = x_1 + c,$$
$$y_2 = x_2 + c,$$
$$y_3 = x_3 + c,$$
$$y_4 = x_4 + c,$$

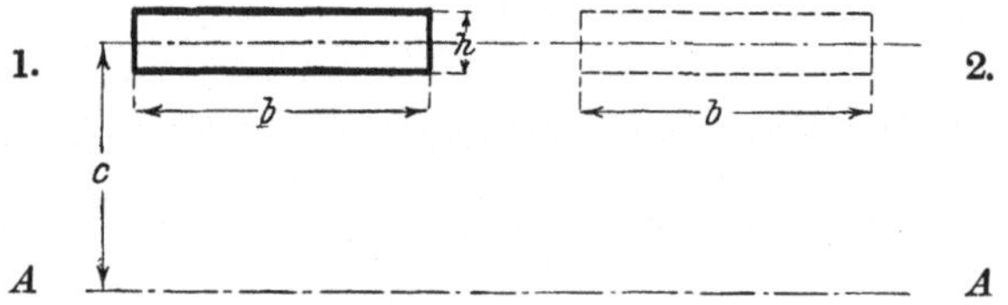

1. h b b 2.

c

A A

Fig. 98.

x_1 und x_2 sind hier negativ, weil nach unten gerechnet. Dann ist das auf die Grundlinie bezogene Trägheitsmoment:

$$J' = (f_1 \cdot x_1^2 + f_2 \cdot x_2^2 + f_3 \cdot x_3^2 + f_4 \cdot x_4^2) + 2c \, (f_1 \cdot x_1 + f_2 \cdot x_2 + f_3 \cdot x_3 + f_4 \cdot x_4) + c^2 \, (f_1 + f_2 + f_3 + f_4).$$

Der in der mittleren Klammer stehende Wert ist 0 als Summe der statischen Momente der einzelnen Flächenteile bezogen auf die Schwerachse der ganzen Fläche. Es ergibt sich:

$$J' = J + c^2 \cdot F.$$

Hierin bedeutet F die ganze Fläche, J das Trägheitsmoment bezogen auf die Schwerachse.

Das auf die Achse A, A bezogene Trägheitsmoment des Rechteckes in Fig. 98 ist in der Lage 1 das gleiche wie in der Lage 2:

$$J' = \frac{b \cdot h^3}{12} + c^2 \cdot b \cdot h.$$

Die Trägheitsmomente eines zusammengesetzten Querschnittes werden nicht verändert, wenn die einzelnen Querschnitte parallel zur Bezugsachse des ganzen Querschnittes verschoben werden (Fig. 99).

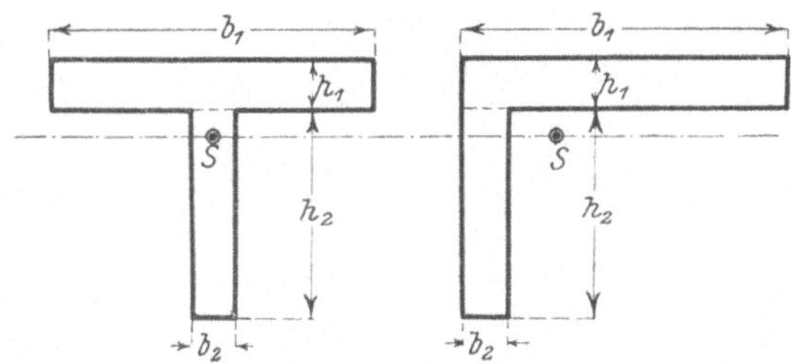

Fig. 99.

Berechnung des Trägheitsmomentes eines zusammengesetzten Querschnittes.

Beispiel. $\top$- Querschnitt.

Zerlegung in zwei Rechtecke:

$$f_1 = b_1 \cdot h_1 \quad \text{Schwerpunkt } s_1,$$
$$f_2 = b_2 \cdot h_2 \qquad \text{,,} \qquad s_2.$$

Trägheitsmomente der Rechtecke bezogen auf die eigenen Schwerachsen:

$$i_1 = \frac{b_1 \cdot h_1^3}{12},$$

$$i_2 = \frac{b_2 \cdot h_2^3}{12}.$$

Trägheitsmomente der Rechtecke bezogen auf die Schwerachse des ganzen Querschnittes:

$$i_1' = \frac{b_1 \cdot h_1^3}{12} + a_1^2 \cdot b_1 \cdot h_1,$$

$$i_2' = \frac{b_2 \cdot h_2^3}{12} + a_2^2 \cdot b_2 \cdot h_2.$$

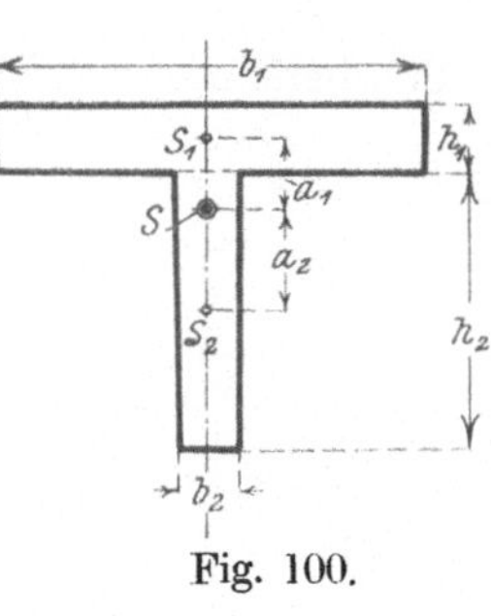

Fig. 100.

Trägheitsmoment des $\top$- Querschnittes bezogen auf die wagerechte Schwerachse des Ganzen:

$$J = i_1' + i_2'.$$

Dreieck (Fig. 101). Trägheitsmoment, bezogen auf die Schwerachse $0—0$ des Rechtecks:

$$i = \frac{1}{2} \cdot \frac{b \cdot h^3}{12} = \frac{b \cdot h^3}{24}.$$

Trägheitsmoment, bezogen auf die Schwerachse des Dreiecks:

$$J = i - \frac{h^2}{36} \cdot \frac{b \cdot h}{2},$$

$$J = \frac{b \cdot h^3}{36}.$$

Trägheitsmoment bezogen auf die Spitze des Dreiecks:

$$J_s = \frac{b \cdot h^3}{36} + \frac{4}{9} \cdot h^2 \cdot \frac{b \cdot h}{2},$$

$$J_s = \frac{b \cdot h^3}{4}.$$

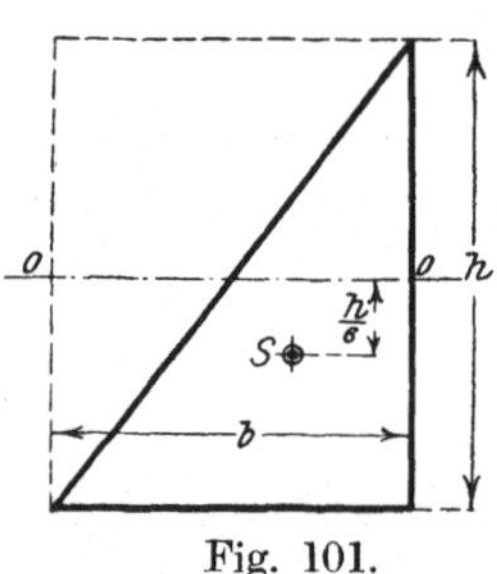

Fig. 101.

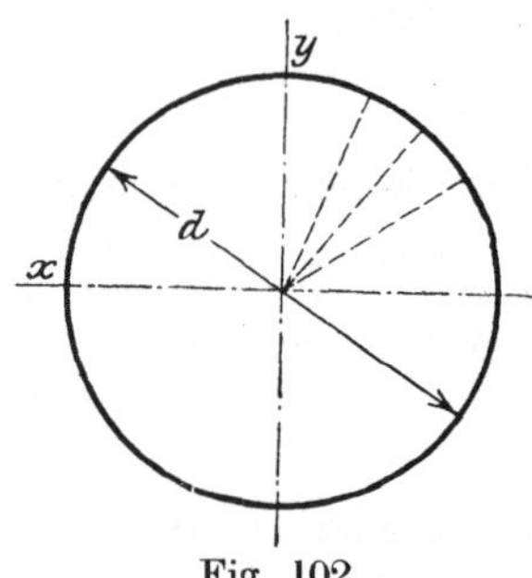

Fig. 102.

Trägheitsmoment bezogen auf die Grundlinie des Dreiecks:

$$J_g = J + \left(\frac{h}{3}\right)^2 \frac{b\,h}{2}$$

$$= \frac{b\,h^3}{36} + \frac{b\,h^3}{18}$$

$$= \frac{b\,h^3}{12}.$$

Kreis (Fig. 102). Der Kreis ist gleich der Summe einzelner Dreiecke (Sektoren), die alle die gleiche Höhe $h = r = \dfrac{d}{2}$ und die Grundlinie Δs besitzen. Die Summe aller Grundlinien ist $\sum \Delta s = 2\,r\,\pi$.

Trägheitsmoment des Kreises, bezogen auf dessen Mittelpunkt:

$$J_p = \sum \frac{r^3\,\Delta s}{4} = \frac{r^3}{4} \sum \Delta s = \frac{r^4\,\pi}{2},$$

$$J_p = \frac{\pi \cdot d^4}{32}.$$

J_p ist das **polare Trägheitsmoment**[1]) des Kreises.

Für den Kreisquerschnitt sind die äquatorialen Trägheitsmomente, bezogen auf irgendwelche Durchmesser, unter sich gleich:

$$J_x = J_y = J \, ,$$
$$2\,J = J_p \, .$$

Äquatoriales Trägheitsmoment des Kreises:

$$J = \frac{\pi \cdot d^4}{64} = \frac{J_p}{2} \, .$$

Das auf einen Durchmesser bezogene äquatoriale Widerstandsmoment des Kreisquerschnittes ist:

$$W = \frac{J}{\dfrac{d}{2}} \, ,$$

$$W = \frac{\pi \cdot d^3}{32} = \sim 0,1\, d^3 \, .$$

Kreisring vom äußeren Durchmesser D und inneren Durchmesser d

$$J = \frac{\pi\,(D^4 - d^4)}{64} \, ,$$

$$W = \frac{\pi\,(D^4 - d^4)}{32\,D} \, .$$

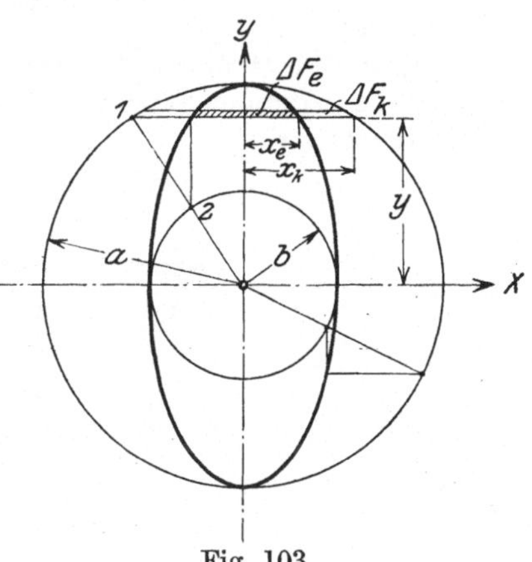

Fig. 103.

Ellipse. In der Fig. 103 hat der große Kreis den Halbmesser a = große Halbachse, der kleine Kreis den Halbmesser b = kleine Halbachse der Ellipse. Ein beliebiger Halbmesser schneidet beide Kreise in den Punkten 1 und 2. Die Wagerechte durch 1 und die Lotrechte durch 2 ergeben einen Ellipsenpunkt. Es bedeute F_k = Fläche des Kreises, F_e = Fläche der Ellipse. Dann ist für die beiden aus Kreis und Ellipse entsprechend der Figur herausgeschnittene kleine Flächenstreifen

$$\varDelta F_e = \frac{b}{a}\,\varDelta F_k \, .$$

Also das Trägheitsmoment der Ellipse bezogen auf die x-Achse

$$J_x = \sum y^2\,\varDelta F_e = \frac{b}{a}\sum y^2\,F_k = \frac{b}{a}\cdot\frac{\pi\,(2\,a)^4}{64} \, ,$$

$$J_x = \frac{\pi\,a^3\,b}{4} \, .$$

____

1) Siehe Drehungsfestigkeit. III, 5.

Widerstandsmoment

$$W_x = \frac{J_x}{a} = \frac{\pi\, a^2\, b}{4}\,.$$

Elliptische Querschnitte häufig bei den Armen von Riemscheiben und Schwungrädern angewendet.

Vergrößerung von Trägheitsmoment und Widerstandsmoment bei zusammengesetzten Querschnitten.

Eine aus zwei]-Eisen zusammengenietete Stütze hat in bezug auf die Achse Y nach Fig. 104 das Trägheitsmoment:

$$J_y = 2 \cdot (i_y + a^2 \cdot f).$$

Es bedeuten:

f den Querschnitt eines]-Eisens,

i_y das Trägheitsmoment eines]-Eisens, bezogen auf die eigene Schwerachse s.

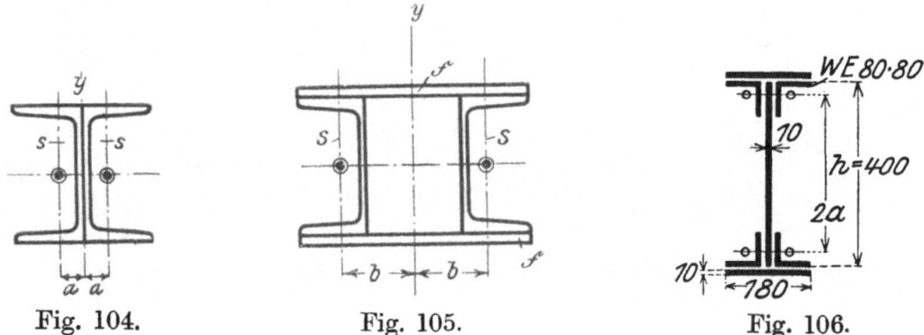

Werden dieselben zwei [-Eisen (Fig. 105) auseinander gerückt und an einzelnen Punkten durch aufgeniete Flacheisen $\mathfrak{F}$ verbunden, so ist das Trägheitsmoment beider [-Eisen in bezug auf die Achse Y:

$$J_y' = 2 \cdot (i_y + b^2 \cdot f),$$
$$J_y' > J_y\,.$$

Beispiel. Äquatoriales Flächenträgheitsmoment eines genieteten Blechträgers, dessen Maße in Fig. 106 gegeben sind. Bezugsachse x.

Stehblech:

$$J_1 = \frac{s_1\, h_1^3}{12} = \frac{1 \cdot 40^3}{12} = 5333\ \text{cm}^4\,.$$

Winkeleisen:

1 Winkel bezogen auf Achse ξ nach Profiltabelle:

$$J_\xi = 87,5\ \text{cm}^4,$$
$$c = 20 - 2,3 = 17,7\ \text{cm},$$
$$f = 15,1\ \text{qcm}.$$

Für Achse x:

$$J_2 = J_\xi + c^2 \cdot f = 87,5 + 17,7^2 \cdot 15,1 = 4787 \text{ cm}^4.$$

4 Winkel bezogen auf Achse x:

$$4\,J_2 = 19\,148 \text{ cm}^4.$$

Gurtplatten:

1 Gurtplatte bezogen auf Achse η:

$$J_3 = \frac{b \cdot s_3^3}{12} = \frac{18 \cdot 1}{12} = 1,5 \text{ cm}^4,$$

für Achse x:

$$J_3 = J_\eta + d^2 \cdot F = 1,5 + 20,5^2 \cdot 18 = 7561 \text{ cm}^4.$$

2 Gurtplatten für Achse x:

$$2\,J_3 = 15\,122 \text{ cm}^4.$$

Gesamtes Trägheitsmoment bezogen auf die Achse x ohne Nietlöcher:

$$J = J_1 + 4\,J_2 + 2\,J_3 = 39\,603 \text{ cm}^4.$$

Die Rechnung zeigt, daß die am weitesten von der neutralen Achse abliegenden Querschnittsteile, die Gurtplatten und Winkel, den wesentlichsten Beitrag zum Wert des Trägheitsmoments geben.

Trägheitsmoment von 1 Nietloch im Flansch (Niet $\varnothing$ 20 mm) bezogen auf die eigene Schwerachse:

$$i = \frac{2 \cdot 2^3}{12} = 1,3 \text{ cm}^4$$

bezogen auf die x Achse

$$i_x = 1,3 + 20^2 \cdot 4 = 1601,3 \text{ cm}^4.$$

Trägheitsmoment von 4 Nietlöchern bezogen auf die x Achse:

$$4\,i_x = 6405 \text{ cm}^4.$$

Gesamtes Trägheitsmoment des ganzen Querschnittes mit Abzug von 4 Nietlöchern in den Flanschen:

$$J' = J - 4\,i_x = 39\,603 - 6405 = 33\,198 \text{ cm}^4.$$

C. Freiträger.

a) Freiträger mit Einzellast am Ende.

Das größte Biegungsmoment

$$M = Q \cdot l$$

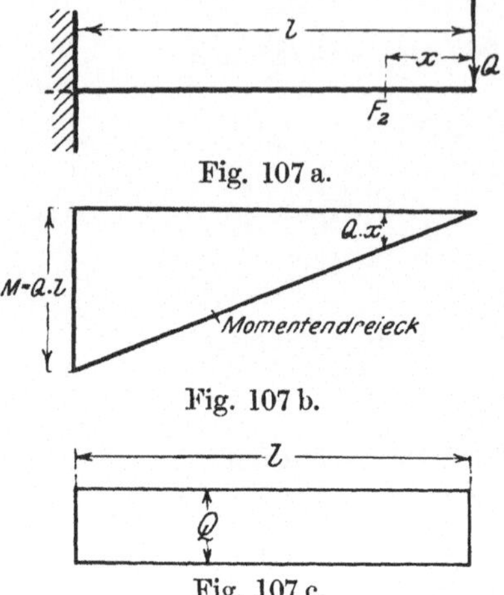

Fig. 107 a.

Fig. 107 b.

Fig. 107 c.

wirkt in dem Einspannquerschnitt. Es wird unter dem gefährlichen Querschnitt in einem beliebigen Maßstabe, z. B.

$$1 \text{ mm} = 1 \text{ mkg},$$

aufgetragen. Dann geben in dem Momentendreieck die Senkrechten unter den anderen Balkenquerschnitten die dort hervorgerufenen Biegungsmomente in demselben Maßstabe an. Siehe z. B. $Q \cdot x$. Die Spitze des Momentendreiecks liegt unter dem Angriffspunkt der Last.

Als Querkraft wird die Summe aller Kräfte bezeichnet, die irgendeinen Querschnitt von seinem Nachbarquerschnitt abzuscheren sucht. Hier ist über die ganze Trägerlänge die Querkraft gleich der Last Q.

b) Freiträger mit gleichmäßig verteilter Last.

Beispiel. Fig. 108. Tragzapfen mit Lastübertragung durch Lagerschale.

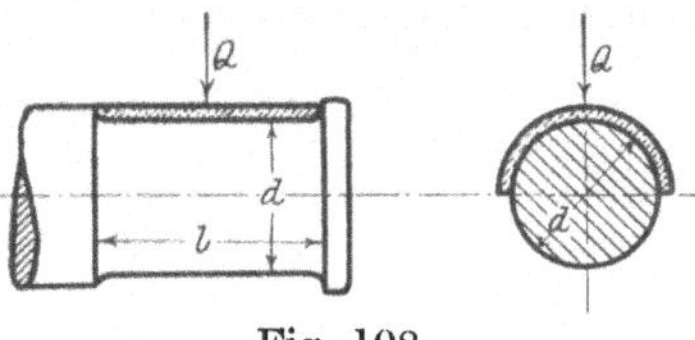

Fig. 108.

Die Resultierende aller gegebenen Einzelkräfte greift in der Zapfenmitte an. Also ist das den gefährlichen Querschnitt beanspruchende Moment:

$$M = Q \cdot \frac{l}{2}.$$

Die Zapfenstärke wird berechnet aus der Formel:

$$Q \cdot \frac{l}{2} = W \cdot k_b,$$

$$= \frac{\pi \cdot d^3}{32} \cdot k_b,$$

$$= \sim 0{,}1 \cdot d^3 \cdot k_b.$$

Bei einem umlaufenden **Tragzapfen** wechselt das Biegungsmoment die Richtung. Belastungsfall III.

Beispiel. Ein Kurbelzapfen

$$l = 95 \text{ mm},$$
$$d = 75 \text{ mm}$$

ist mit

$$S = 4100 \text{ kg}$$

belastet.

$$M = S \cdot \frac{l}{2} = \frac{4100 \cdot 9{,}5}{2} = 19\,500 \text{ cmkg}.$$

Widerstandsmoment:

$$W = \frac{\pi \cdot d^3}{32} = \sim 0{,}1 \cdot d^3 = 42{,}18 \text{ cm}^3,$$

$$M = W \cdot k_b .$$

Die hervorgerufene Biegungsbeanspruchung ist:

$$k_b = \frac{19\,500}{42{,}18} = \sim 462 \text{ kg/qcm}.$$

Das auf den Kurbelzapfen wirkende Biegungsmoment ändert sich der Größe und der Richtung nach.

Biegungsmomente. Fig. 109b.

Das größte hervorgerufene Biegungsmoment

$$M = Q \cdot \frac{l}{2}$$

wird in einem beliebigen Maßstabe unter dem gefährlichen Querschnitt aufgetragen. S ist der Scheitel einer Parabel. Parabelpunkte werden erhalten als Schnittpunkte der Strahlen $S-1$, $S-2$ mit den entsprechenden Senkrechten durch 1, 2 usw.

Das Biegungsmoment M_x in irgendeinem Querschnitt F_x wird erhalten durch die unter diesem Querschnitt in der Momentenfläche gezogene Senkrechte.

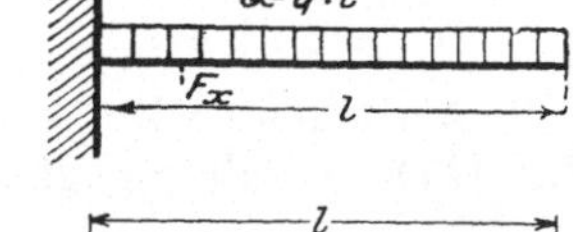
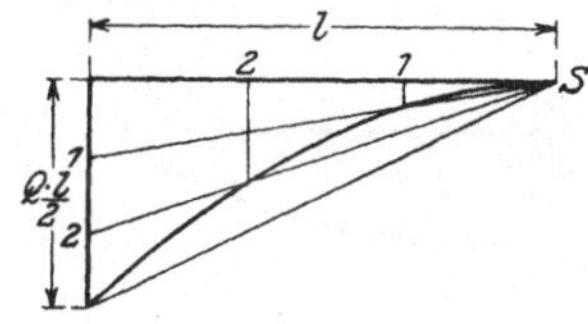

Fig. 109 a—c.

Querkräfte. (Fig. 109c.)

Am Trägerende ist die Querkraft o und wächst mit zunehmender Entfernung, ist also in der Entfernung x von hier $q\,x$ und am gefährlichen Querschnitt $q\,l$.

c) Träger gleicher Festigkeit.
(Fig. 110—112.)

Ein an seinem Ende belasteter Freiträger, der an der Einspannungsstelle aus Festigkeitsrücksichten den Querschnitt $b \cdot h$ besitzt, wäre bei den gleichen Maßen in den übrigen Querschnitten unnötig stark. Er kann dort also schwächer gehalten werden.

Ein Träger gleicher Festigkeit ist ein Träger, bei dem in allen Querschnitten die hervorgerufene Spannung gleich der zugelassenen Beanspruchung ist.

1. **Annahme:** Der Freiträger soll bei rechteckigem Querschnitt überall die gleiche Höhe erhalten (Fig. 110).

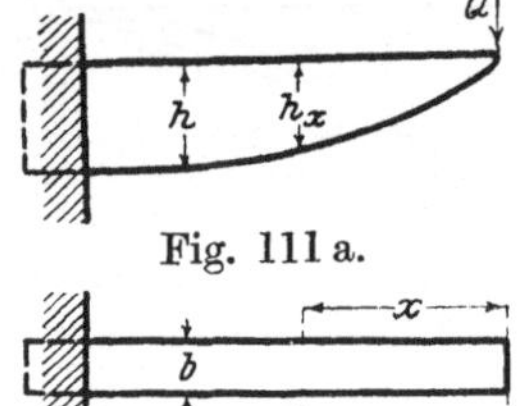

Fig. 110 a.

Fig. 110 b.

$$M = Q \cdot l = \frac{b \cdot h^2}{6} \cdot k_b,$$

$$M_x = Q \cdot x = \frac{b_x \cdot h^2}{6} \cdot k_b,$$

$$\frac{M}{M_x} = \frac{b}{b_x} = \frac{l}{x},$$

d. h. der Träger muß im Grundriß Dreiecksform erhalten.

2. **Annahme:** Der Freiträger soll bei rechteckigem Querschnitt (Fig. 111) überall die gleiche Breite b erhalten:

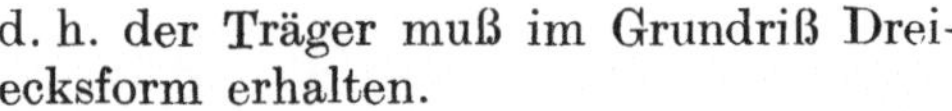

Fig. 111 a.

Fig. 111 b.

$$M = Q \cdot l = \frac{b \cdot h^2}{6} \cdot k_b,$$

$$M_x = Q \cdot x = \frac{b \cdot h_x^2}{6} \cdot k_b,$$

$$\frac{M}{M_x} = \frac{l}{x} = \frac{h^2}{h_x^2},$$

d. h. der Träger muß in der Ansicht nach einer Parabel begrenzt sein. Praktisch wird die Parabel angenähert.

Beispiel. Rippe an Konsole.

3. **Annahme:** Der Freiträger soll überall Kreisquerschnitt haben. Der Durchmesser in einem Querschnitt in der Entfernung x vom Trägerende ist d_x im gefährlichen Querschnitt d. Dann ist

$$Q\,x = 0{,}1\,d_x^3 \cdot k_b,$$

$$Q\,l_1 = 0{,}1\,d^3 \cdot k_b \qquad l_1 = \frac{l}{2},$$

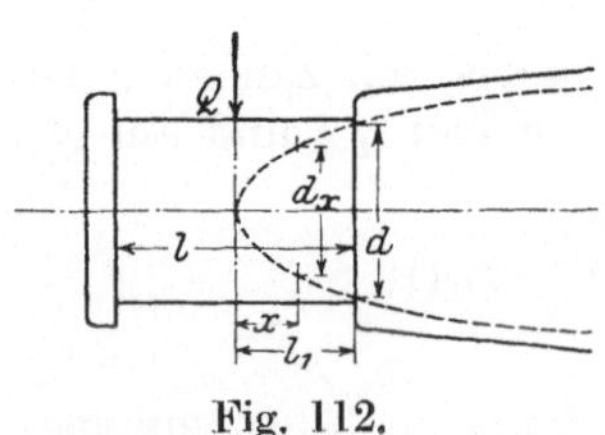

Fig. 112.

Der Träger wäre nach einer kubischen Parabel zu formen. Die eingezeichnete Parabel zeigt bei dem wirklich ausgeführten Zapfen, wo dieser stärker ausgeführt ist, als die reine Festigkeitslehre erfordern würde. Fig. 112.

D. Träger auf zwei Stützen.

a) Mit einer Einzellast (Fig. 113): Träger mit einrädriger Laufkatze. Stützdrücke:

$$A = Q \cdot \frac{b}{l},$$

$$B = Q \cdot \frac{a}{l}.$$

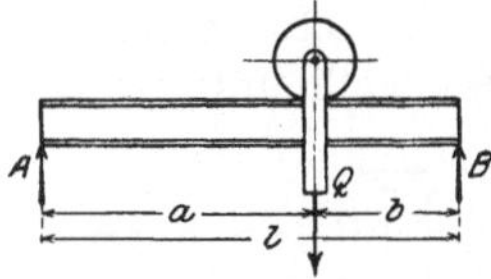

Fig. 113.

Das größte Moment wirkt im Querschnitt über oder unter der Last:

$$M_Q = A \cdot a = B \cdot b.$$

Bei der Laststellung in der Trägermitte liegt hier der gefährliche Querschnitt. Das größte Moment ist:

$$M = A \cdot \frac{l}{2} = B \cdot \frac{l}{2} = \frac{Q \cdot l}{4}.$$

Beispiel. $Q = 2000$ kg auf I-Träger von Spannweite $l = 4$ m. Bei der auf der Trägermitte stehenden Last ist:

$$M = \frac{2000 \cdot 400}{4} = 200\,000 \text{ cmkg}.$$

Angenommen: $\quad k_b = 600$ kg/qcm.
Erforderlich:

$$W = \frac{M}{k_b} = \frac{200\,000}{600} = 334 \text{ cm}^3,$$

gewählt:

$$N \cdot P \cdot 24 \text{ mit } W = 353 \text{ cm}^3.$$

Zeichnerische Darstellung der Momente (Fig. 114b).

Die Momente sind in der Momentenfläche dargestellt durch die Senkrechten unter den Querschnitten, z. B. $A \cdot x$.

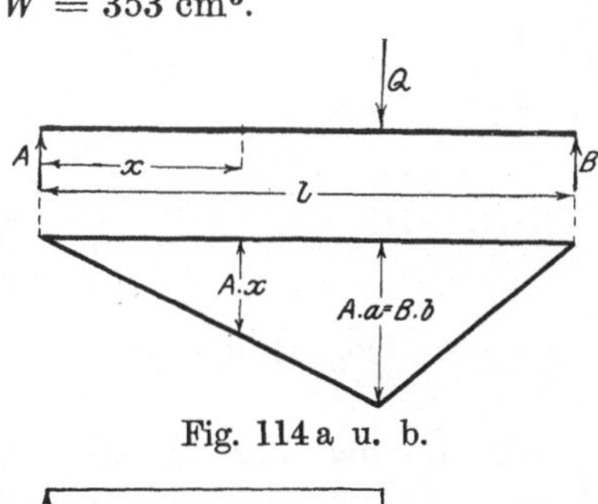

Fig. 114a u. b.

Darstellung der Querkräfte (Fig. 114c).

Links von der Last Q ist die Querkraft gleich A, d. h. dieser Stützdruck strebt den Trägerteil links von irgendeinem hier gedachten Querschnitt in diesem Querschnitt nach aufwärts abzu-

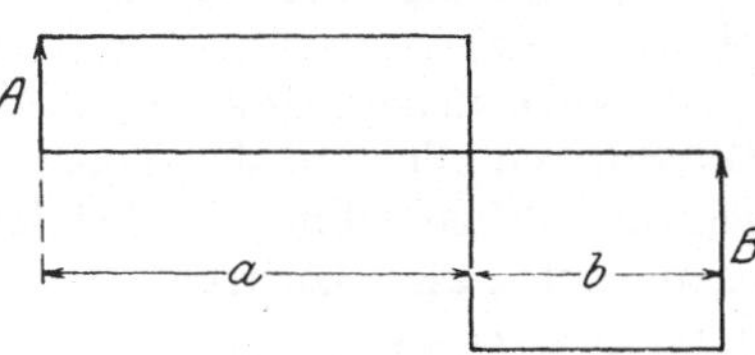

Fig. 114c.

scheren. Für einen Querschnitt rechts von der Last ist die Summe aller **aus dem für diesen Querschnitt linken Trägerteil** ermittelten Vertikalkräfte $A - Q$ nach unten gerichtet. Diese Mittelkraft sucht den links vom gedachten Querschnitt befindlichen Trägerteil nach unten hier abzuscheren. Die gleich große entgegengesetzt gerichtete Gegenkraft sucht in demselben Querschnitt den rechten Trägerteil nach oben abzuscheren.

b) Träger auf zwei Stützen mit mehreren Einzellasten. *Beispiel.* Vorgelege mit drei Riemscheiben (Fig. 115). Die Riemenzüge sind sämtlich nach derselben Richtung, schräge nach unten, wirkend angenommen. Drehungsbeanspruchung (siehe III, 5) ist hier vernachlässigt.

Das in irgendeinem Querschnitt, z. B. an der Angriffsstelle von Q_2, hervorgerufene Biegungsmoment ergibt sich folgendermaßen:

„Man denkt sich die eine Seite, z. B. die rechte des Balkens, bis zu dem betrachteten Querschnitt eingespannt und betrachtet die Momente an dem freien Balkenende" (Fig. 115 c).

Im vorliegenden Falle ist das um den Punkt O biegende Moment:

$$M = A \cdot c - Q_1 \cdot d.$$

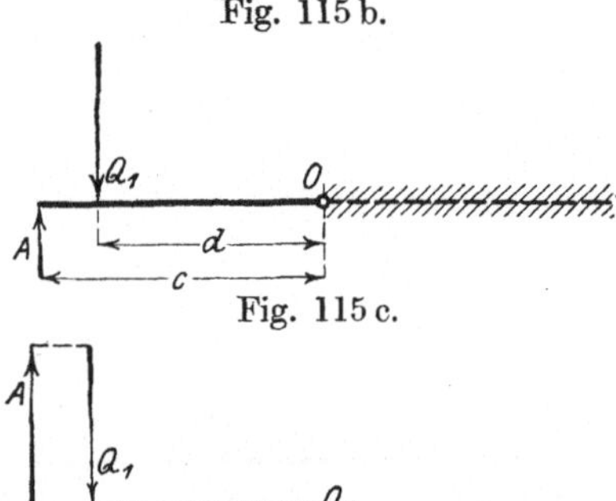

Fig. 115 a.

Fig. 115 b.

Fig. 115 c.

Fig. 115 d.

Bestimmung des Stützdruckes A siehe Statisches Moment II, 7.

Bestimmung des gefährlichen Querschnittes (Fig. 115 d). Die Summe aller auf der einen Balkenseite, von irgendeinem Querschnitt aus gerechnet, wirkenden Kräfte heißt die **Querkraft** in bezug auf diesen Querschnitt. Im vorliegenden Falle hat links von dem Querschnitt O die Querkraft die Größe

$$A - Q_1.$$

Rechts von O ist die Querkraft

$$A - Q_1 - Q_2.$$

Die Querkraft sucht im betrachteten Querschnitte den linken Balkenteil von dem rechten abzuscheren.

Derjenige Querschnitt, in dem die Querkraft 0 wird oder von $+$ nach $-$ übergeht, d. h. statt nach aufwärts beginnt, nach abwärts zu wirken, ist der gefährliche Querschnitt. Hier wirkt das größte Biegungsmoment. Im Beispiel ist das der Fall unter Q_2. (In F_1 und F_2 sind die Querkräfte der Größe und Richtung nach eingezeichnet, wie sie aus dem linken Trägerteil ermittelt sind.)

Die Richtung der Querkraft ergibt sich entgegengesetzt, je nach dem, ob die Ermittelung von dem linken oder von dem rechten Balkenende begonnen wird. Die erhaltenen Kräfte sind an irgendeinem Querschnitt als Kraft und Gegenkraft entgegengesetzt gleich.

Beispiel. Ein Vorgelege ist mit der Stützweite $l = 2$ m gelagert. Es trägt die in der Fig. 115a angedeuteten Riemscheiben, an denen die Riemenzüge

$$Q_1 = 180 \text{ kg,}$$
$$Q_2 = 36 \text{ ,,}$$
$$Q_3 = 130 \text{ ,,}$$

wirken.

Das rechte Auflager wird als Drehpunkt genommen. Dann ist

$$A \cdot 2 = Q_1 \cdot 1,8 + Q_2 \cdot 1 + Q_3 \cdot 0,3\,,$$

$$A = \frac{324 + 36 + 39}{2} = 199,5 \text{ kg,}$$

$$B = Q_1 + Q_2 + Q_3 - A = 146,5 \text{ kg.}$$

Die Querkraft ist links von Q_2

$$\mathfrak{Q}_1 = A - Q_1 = +\ 19,5 \text{ kg.}$$

Querkraft rechts von Q_2 ist:

$$\mathfrak{Q}_2 = A - Q_1 - Q_2 = -\ 16,5 \text{ kg.}$$

Also tritt am Angriffspunkt von Q_2 das größte Biegungsmoment auf:

$$M_b = A \cdot 100 - Q_1 \cdot 80 = 19\,950 - 14\,400\,,$$
$$M_b = 5550 \text{ cmkg,}$$

gewählt $d = 50$ mm, $W = 12,5$ cm³. Dann ergibt sich eine reine Biegungsbeanspruchung:

$$k_b = \frac{5550}{12,5} = \sim 445 \text{ kg/qcm.}$$

Zeichnerische Darstellung der Biegungsmomente
(Fig. 115e und 115f). Aus ähnlichen Dreiecken folgt:

$$\frac{x}{y} = \frac{H}{A}.$$

Also ist:

$$A \cdot x = H \cdot y,$$

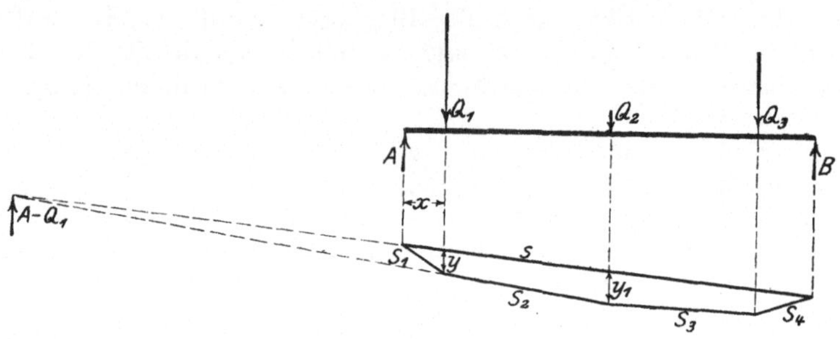

Fig. 115 e.

d. i. das Biegungsmoment für den Querschnitt unter Q_1.

H wird in dem angenommenen Längenmaßstab gemessen, z. B.
$H = 0{,}9$ m, y wird in dem Kräftemaßstab gemessen, z. B. $y = 44{,}4$ kg.

Das gleiche Ergebnis erhält man, wenn
H im Kräftemaßstabe und y im Längenmaßstabe gemessen wird.

Der unter Q_2 liegende Querschnitt wird
auf Biegung beansprucht durch die Mittelkraft von A und Q_1, d. h. durch die Kraft
$A - Q_1$. Die Lage dieser Mittelkraft wird
gefunden durch den Schnittpunkt von s
und S_2. In diesem Schnittpunkt sind die
3 Kräfte $A - Q_1$, s und S_2 im Gleichgewicht,
weil sie in der Polfigur ein geschlossenes Kräftedreieck bilden. Die
in den einzelnen Querschnitten hervorgerufenen Biegungsmomente
verhalten sich wie die entsprechenden Ordinaten y, y_1 usw. der Momentenfläche. $H \cdot y_1$ gibt das Biegungsmoment für den unter Q_2 ge-
legenen Querschnitt an.

Die Querkraft $\mathfrak{Q}$ hat für irgendeinen um x von ihr entfernten
Querschnitt das Moment

$$M_x = \mathfrak{Q}\, x,$$

für den um $\varDelta x$ weiter entfernten Nachbarquerschnitt:

$$M_{x + \varDelta x} = \mathfrak{Q}\, (x + \varDelta x).$$

Also nimmt das Biegungsmoment auf die Strecke $\varDelta x$ zu um den Betrag

$$\varDelta M = \mathfrak{Q}\,\varDelta x\,.$$

Der Quotient

$$\frac{\varDelta M}{\varDelta x} = \mathfrak{Q}$$

zeigt, daß für $\mathfrak{Q} = 0$ auch dieser Quotient Null wird. Wenn die Querkraft also Null ist, ist der Zuwachs $\varDelta M = 0$. Dann wächst das Moment in diesem Punkte nicht, sondern hat seinen Höchstwert, sein Maximum erreicht.

c) Träger auf 2 Stützen mit gleichmäßig verteilter Last. Fig. 116. Träger zwischen zwei Kappen, trägt von jeder Kappe die Hälfte.

$q =$ Belastung pro lfd. Meter.

Die ganze Trägerbelastung ist:

$$Q = q \cdot l.$$

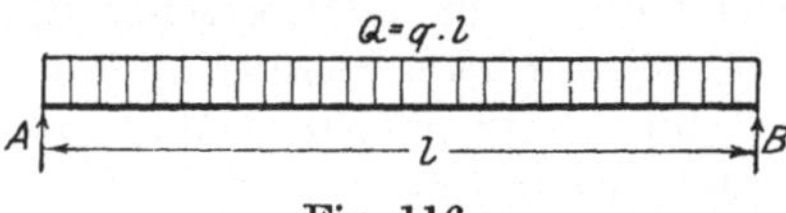

Fig. 116 a.

Stützdrücke:

$$A = B = \frac{Q}{2}\,.$$

Moment in der Trägermitte:

$$M_m = A \cdot \frac{l}{2} - q \cdot \frac{l}{2} \cdot \frac{l}{4},$$

$$M_m = \frac{Q \cdot l}{8}\,.$$

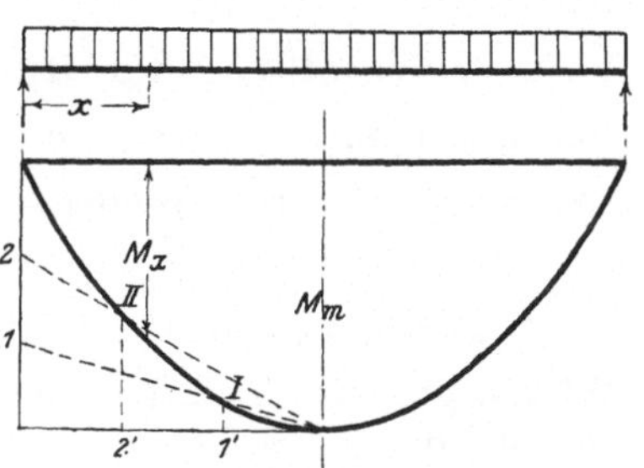

Fig. 116 b.

Der gefährliche Querschnitt liegt in der Trägermitte.

Beispiel. $^1/_2$ St. starke gewölbte Decke zwischen I-Trägern. 1,5 m Spannweite der gewölbten Kappen. $l = 4$ m Stützweite (Entfernung von Mitte bis Mitte Auflager) des

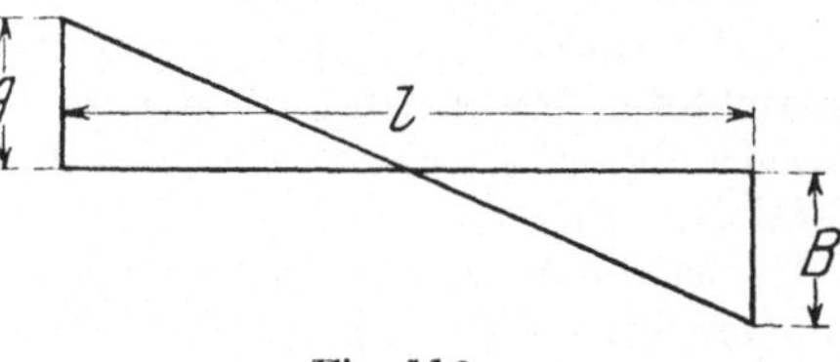

Fig. 116 c.

Trägers. Gewicht von Kappe + Nutzlast 600 kg/qm. Also Gesamtbelastung eines Trägers $Q = 6 \cdot 600 = 3600$ kg.

$$M_m = \frac{3600 \cdot 400}{8} = 180\,000 \text{ cmkg.}$$

Zugelassen für Flußeisen:

$$k_b = 800 \text{ kg/qcm}.$$

Erforderlich:

$$W_x = \frac{180\,000}{800} = 225 \text{ cm}^3.$$

Gewählt:

$$\text{N P mit } W_x = 244 \text{ cm}^3.$$

Zeichnerische Darstellung der Biegungsmomente am gleichmäßig belasteten Träger auf zwei Stützen[1] (Fig. 116b). M_m wird berechnet und in einem beliebigen Maßstabe, z. B. 1 mm = 86 mkg aufgetragen. S ist der Scheitel einer Parabel. Senkrechte und wagerechte Hilfslinien werden durch *1*, *2* resp. *1'*, *2'* in gleich viele Teile gleichmäßig geteilt. Strahlen $S{-}1$, $S{-}2$ mit den Loten $1'{-}I$, $2'{-}II$ zum Schnitt gebracht. *I* und *II* sind Parabelpunkte. M_x gibt in dem gewählten Maßstabe die Größe des Biegungsmomentes an, welches in dem um x vom Auflager entfernten Querschnitt durch die gleichmäßige Belastung hervorgerufen wird.

Darstellung der Querkräfte.   Fig. 116 c.

Für irgendeinen um x von A entfernten Querschnitt ist die Querkraft $A - qx$ für die Trägermitte $A - \dfrac{ql}{2} = 0$.

d) Gleichzeitige Biegung in verschiedenen Ebenen.

Wirken gleichzeitig Biegungsmomente in verschiedenen Ebenen, so sind in jeder Ebene besonders die Biegungsmomente zu ermitteln und danach für die einzelnen Querschnitte zusammenzusetzen.

Beispiel: Die Kurbelwelle einer liegenden Dampfmaschine ist belastet durch das Schwungradgewicht G, den schräg nach aufwärts gerichteten Riemenzug mit der senkrechten Seitenkraft V und der wagerechten Seitenkraft H. Die auf die Stirnkurbel wirkende Kolbenkraft ist P.

I ist die Momentenfläche für die senkrechte, *II* diejenige für die wagerechte Belastung. Das resultierende Moment für irgendeinen Querschnitt wird gefunden, indem die jedesmaligen Ordinaten M_n und M_h der beiden Momentenflächen nach dem Parallelogramm zur Diagonale zusammengesetzt werden. Die Diagonale gibt der Größe und Richtung nach das resultierende Moment für den betr. Querschnitt. Die einzelnen Mr liegen also nicht in derselben Ebene.

---

[1] Siehe auch Freiträger mit gleichmäßig verteilter Last S. 71.

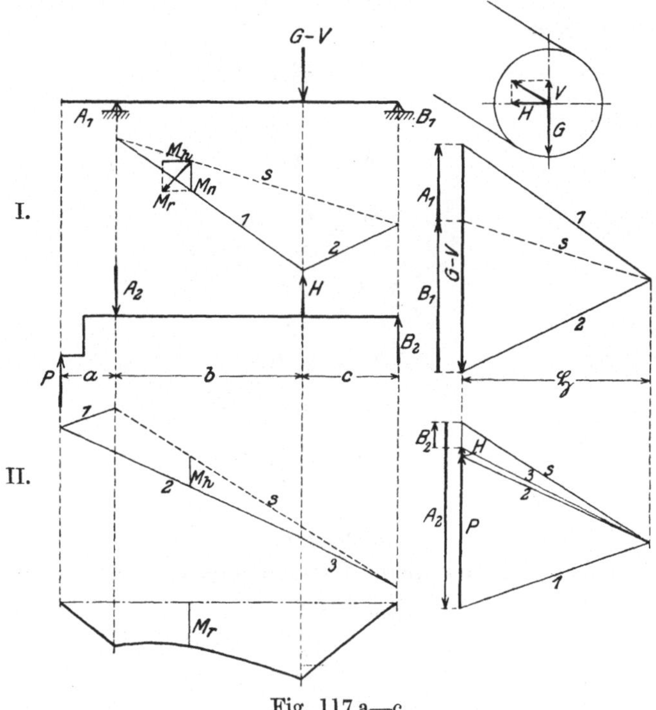

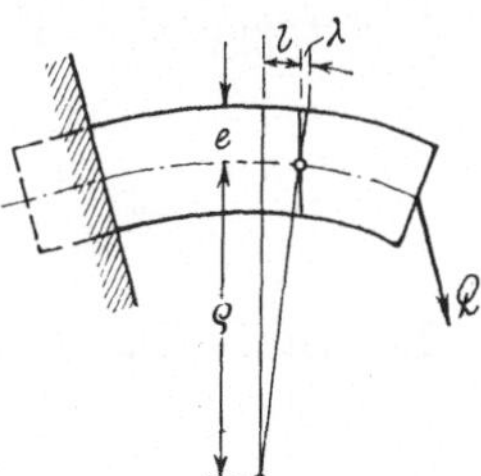

Fig. 117 a—c.

e) Elastische Linie.

Die Kurve, welche die ursprüngliche gerade Trägerachse unter dem Einfluß der biegenden Momente annimmt, heißt elastische Linie. Der Krümmungsradius der elastischen Linie an irgendeiner Stelle ist abhängig:

1. vom Material, demnach von dessen Elastizitätszahl E,
2. vom Trägheitsmoment J des Querschnittes,
3. von der Größe M des Biegungsmomentes an der betrachteten Stelle.

In dem gebogenen Freiträger ergibt sich für die Verlängerung λ der ursprünglichen Faserlänge l die Beziehung

Fig. 118.

$$\frac{\lambda}{l} = \frac{e}{\varrho},$$

ferner ist nach S. 56

$$\frac{\lambda}{l} = \frac{k_z}{E}.$$

Hier ist:

$$k_z = k_b.$$

Also:

$$\frac{k_b}{e} = \frac{E}{\varrho},$$

$$\frac{k_b\,J}{e} = \frac{E\,J}{\varrho},$$

$$= k_b\,W.$$

$$= M,$$

$$\varrho = \frac{E\,J}{M}$$

Durchbiegung.

Es ist angenähert der kleine Zuwachs des Hebelarmes der Last

$$\Delta x = \varrho\,\Delta\varphi$$

$$\Delta\varphi = \frac{\Delta x}{\varrho}$$

$$= \frac{M_x}{E\,J}\cdot\Delta x.$$

$$\varphi = \Sigma\,\Delta\varphi = \frac{1}{E\,J}\,\Sigma\,M_x\,\Delta x$$

$$\varphi_{\max} = \alpha.$$

Der zugehörige Teil der Durchbiegung:

$$\Delta f = x\,\Delta\varphi$$

$$= \frac{M_x}{E\,J}\cdot x\,\Delta x.$$

Die ganze Durchbiegung:

$$f = \Sigma\,\Delta f = \frac{1}{E\,J}\,\Sigma\,x\,M_x\,\Delta x.$$

Man kann nun die geometrische Darstellung der Momentenfläche auffassen als Form einer Aufschüttung. Dann stellt der Wert unter dem Summenzeichen das statische Moment dieser Aufschüttung, d. h. die Momentenfläche in bezug auf den Punkt A vor. Im vor-

liegenden Falle ist das — gedachte — Moment dieses Momentendreiecks

$$\frac{Q\,l^2}{2}\cdot\frac{2}{3}\,l = \frac{Q\,l^3}{3} = \sum x\,M_x\,\varDelta x\,.$$

Also die Durchbiegung eines mit einer Einzellast belasteten
Freiträgers, der über die ganze Länge denselben Querschnitt hat.

$$f = \frac{Q\,l^3}{3\,E\,J}$$

Durchbiegung eines Trägers gleicher Festigkeit von konstanter Höhe und drei-
eckigem Grundriß nach Fig. 110.

Es ist

$$\frac{M_x}{J_x} = \frac{12\,Q\cdot x}{b_x\,h^3} = \text{const},$$

d. h. der Krümmungshalbmesser hat über
die ganze Länge des Trägers den gleichen
Wert. Die elastische Linie ist hier im
Kreisbogen.

Also ist die Durchbiegung:

$$f = \frac{M_x}{E\,J_x}\sum_{x=0}^{x=l} x\,\varDelta x\,.$$

$\sum x\,\varDelta x$ ist die Summe der statischen
Momente aller Teile $\varDelta x$ einer Linie in
Bezug auf den Anfangspunkt der Linie

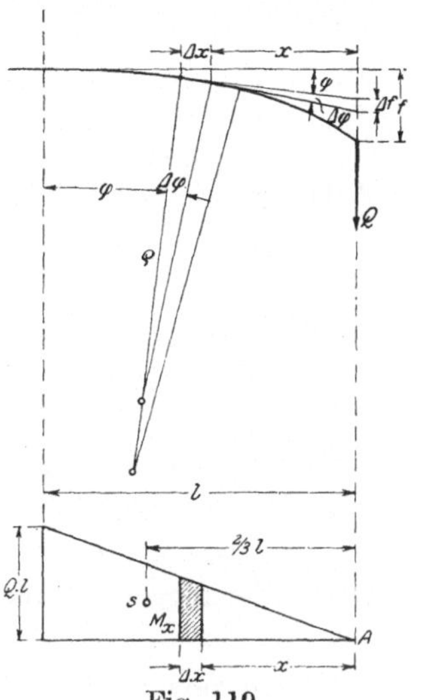

Fig. 119.

und gleich $l\cdot\dfrac{l}{2}$, wenn x von 0 bis l wächst.

$$f = \frac{Q\,l}{E\,J}\cdot\frac{l^2}{2} = \frac{Q\,l^3}{2\,E\,J}\,.$$

Geschichtete Dreiecksfeder. Wenn der Dreiecksträger des
vorigen Beispieles in $2\,n$ gleich breite Streifen zerlegt wird und
dann je 2 symmetrisch gleiche Streifen vereinigt und die Doppel-
streifen übereinander geschichtet werden, so entsteht eine geschichtete
Blattfeder. Unter der Voraussetzung der Reibungslosigkeit biegt
sich in dieser geschichteten Feder jedes einzelne Blatt unabhängig
von den anderen. Dann verschiebt sich die Druckfaserschicht jedes
Federblattes gegen die Zugfaserschicht des darunter liegenden Blattes.

Die zulässige höchste Belastung des Federendes ist

$$Q = n\cdot\frac{b\,h^2}{6}\cdot\frac{k_b}{l}\,.$$

Die Durchbiegung:

$$f = \frac{6\,Q\,l^3}{E\,b\,h^3\,n}\,.$$

Bei der Durchbiegung wächst die von jedem Federende ausgeübte Gegenkraft von 0 bis Q. Die von jeder Federseite aufgenommene Federungsarbeit ist demnach:

$$A = \frac{Q\,f}{2}\,.$$

Beispiel. Lokomotivfeder. Halbe Länge $l = 475$ mm, Anzahl der Federblätter $n = 12$. Blattquerschnitt $90 \cdot 13$ qmm, $E = 2\,200\,000$ kg/qcm, $k_b = 6000$ kg/qcm.

Zulässige Belastung an jedem Federende:

$$Q = 12 \cdot \frac{9 \cdot 1{,}3^2}{6} \cdot \frac{6000}{47{,}5} = \sim 3840\ \text{kg}.$$

Durchbiegung:

$$f = \frac{6 \cdot 3840 \cdot 47{,}5^3}{2\,200\,000 \cdot 9 \cdot 1{,}3^3 \cdot 12} = 4{,}7\ \text{cm}.$$

Federungsarbeit an jeder Seite:

$$A = \frac{3840 \cdot 4{,}7}{2} = 9024\ \text{cmkg}.$$

Die Federungsarbeit für die ganze Feder ist

$$2\,A = 180{,}48\ \text{mkg}.$$

Versuche zeigen anfänglich für je 1000 kg Mehrbelastung einen größeren Zuwachs der Durchbiegung als bei größerer Belastung, bei der die Reibung zwischen den einzelnen Federblättern stärker ist.

Eine Lokomotivtragfeder ($l = 600$ mm; $n = 12$, $E = 2\,100\,000$; b und h wie oben) von Fried. Krupp ergab z. B. bei Versuchen:

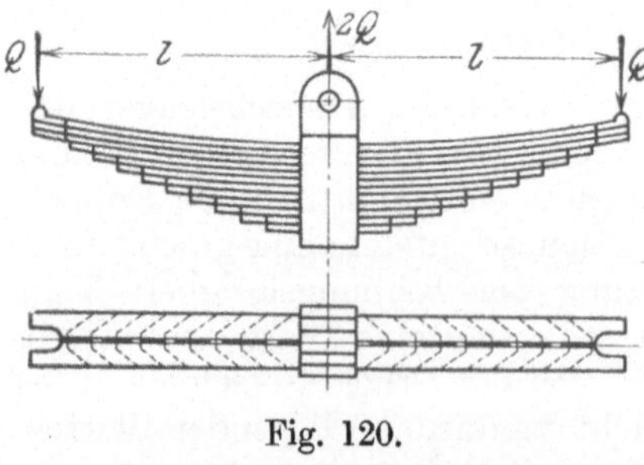

Fig. 120.

Gesamtbelastung in kg	Durchbiegung in mm
1000	9
2000	18
3000	27
4000	35,5
5000	44
6000	52
7000	60
8000	68

Die obige Formel ergibt für dieselbe Feder für 1000 kg Gesamtbelastung ($Q = 500$ kg) $f = 13$ mm, weil hier die Reibung zwischen den Federblättern vernachlässigt ist.

An beiden Seiten eingespannter Träger mit gleichmäßiger Belastung.

Der Träger, der bei freier Auflagerung sich außerhalb der Stützweite l aufwärtsbiegen würde, bleibt in den Einspannungen wagerecht, weil er da durch die Einspannungsmomente M_1 und M_2 niedergehalten wird. Es ist also an beiden Seiten und ebenso in der Mitte für die — · — · — angedeutete elastische Linie $\varphi = 0$. Allgemein gilt

$$\varphi = \frac{1}{EJ}\sum M_x \varDelta x.$$

Wegen der Symmetrie der Anordnung ist

$$M_1 = M_2,$$
$$A = B = \frac{Q}{2}.$$

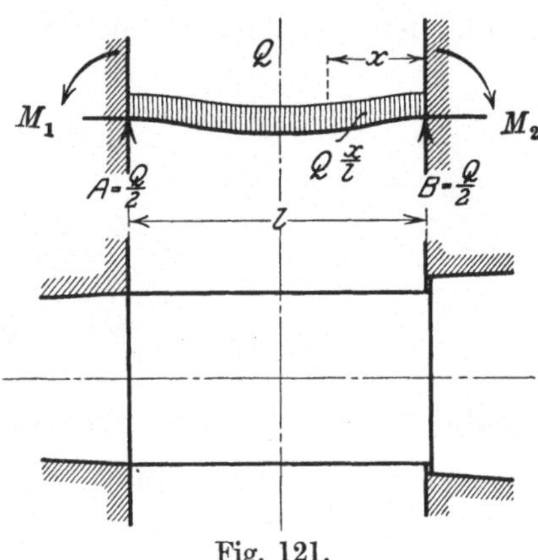

Fig. 121.

Für einen beliebigen Querschnitt in der Entfernung x vom rechten Auflager ist

$$M_x = -M_2 + \frac{Q}{2} \cdot x - Q \cdot \frac{x}{l} \cdot \frac{x}{2}.$$

$$\sum M_x \varDelta x = -\sum M_2\, \varDelta x + \frac{Q}{2}\sum x\, \varDelta x - \frac{Q}{2l}\cdot \sum x^2\, \varDelta x.$$

$x\,\varDelta x$ ist die Fläche eines kleinen Streifens von der Höhe x und der Grundlinie $\varDelta x$.

$\sum x\,\varDelta x$ ist der Inhalt des rechtwinkligen Dreiecks von der Grundlinie = Höhe = x. Fig. 122.

Also:

$$\sum x\,\varDelta x = \frac{x^2}{2}.$$

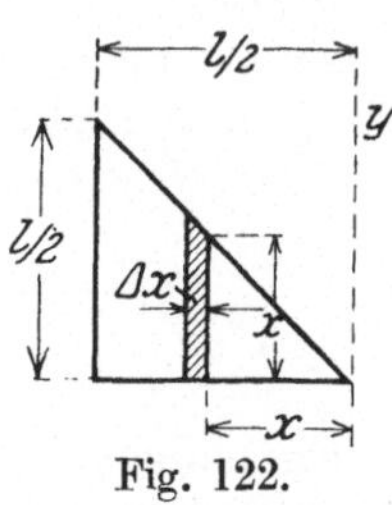

Fig. 122.

$x \cdot x\,\varDelta x = x^2\,\varDelta x$ ist das statische Moment des bezeichneten Streifens in bezug auf die y-Achse durch die Spitze des Dreiecks.

Also ist

$$\sum x^2\,\varDelta x = \frac{x\cdot x}{2}\cdot\frac{2x}{3} = \frac{x^3}{3},$$

das statische Moment des Dreiecks von der Grundlinie = Höhe = x in bezug auf die gleiche Achse.

Folglich

$$\sum M_x\,\varDelta x = -M_2 x + \frac{Q}{2}\cdot\frac{x^2}{2} - \frac{Q}{2l}\cdot\frac{x^3}{3}.$$

Angenommen

$$x = \frac{l}{2}.$$

Für den Mittelquerschnitt ist $\varphi = 0$, also auch

$$\sum_{x=o}^{x=\frac{l}{2}} M_x \cdot \varDelta x = 0 .$$

Also

$$- M_2 \frac{l}{2} + \frac{Q}{4}\left(\frac{l}{2}\right)^2 - \frac{Q}{6\,l}\left(\frac{l}{2}\right)^3 = 0 ,$$

$$- M_2 \frac{l}{2} = \frac{Q\,l^2}{48} - \frac{Q\,l^2}{16} = - \frac{Q\,l^2}{24} .$$

Also die Einspannungsmomente:

$$M_2 = M_1 = \frac{Q\,l}{12} .$$

Das Biegungsmoment in der Trägermitte setzt sich zusammen aus dem negativen Einspannungsmoment, dem positiven Moment des Stützdruckes und dem negativen Moment der einen Trägerhälfte:

$$M_m = - \frac{Q\,l}{12} + \frac{Q}{2} \cdot \frac{l}{2} - \frac{Q}{2} \cdot \frac{l}{4} ,$$

$$M_m = \frac{Q\,l}{24} .$$

Die gefährlichen Querschnitte liegen hier also in den Einspannungen.

Beispiel. Ein beiderseitig konisch eingespannter Kreuzkopfzapfen ist mit $Q = 6000$ kg belastet und hat die Länge $l = 100$ mm. Das größte Biegungsmoment ist an den Einspannungsstellen

$$\frac{Q\,l}{12} = 5000 \text{ cmkg.}$$

f) Fachwerksbalken.

Ein einfacher Brückenträger, wie der in der Fig. 123 dargestellte[1]), ist ein Balken, bei dem durch die Fachwerkstäbe den inneren Kräften bestimmte Wirkungslinien vorgeschrieben sind. Die Richtungen dieser Kräfte in bezug auf die Knotenpunkte werden ersichtlich, wenn man sich das Fachwerk durchschnitten denkt und, wie Fig. 124

---

[1]) Die Fig. 123—126 sind dem Buche: „Technisches Denken und Schaffen" von Prof. G. v. Hanffstengel (Verlag von J. Springer, Berlin) entnommen.

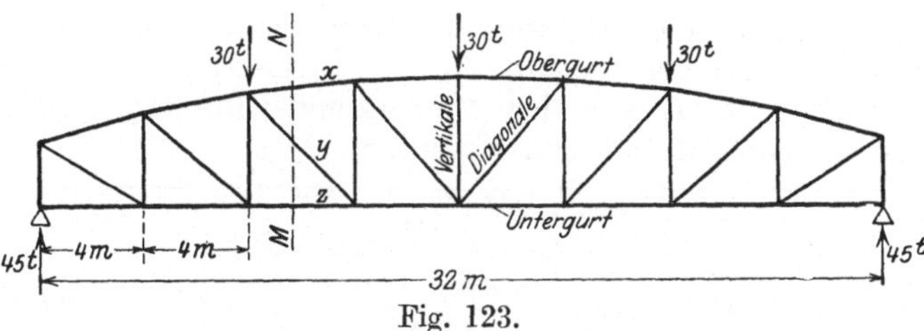

Fig. 123.

andeutet, an den Schnittstellen, um den Balkenteil im Gleichgewicht zu erhalten, die inneren Kräfte durch äußere Kräfte — dargestellt durch Männer — ersetzt.
In der oberen Gurtung ist Druck, in der unteren Gurtung und in der Diagonale wirken Zugkräfte. Alle Kräfte sind in bezug auf einen beliebigen Drehpunkt, z. B. C im Gleichgewicht. Diejenigen Kräfte, deren Wirkungslinien durch C gehen, haben hier den Hebelarm 0, fallen also aus der Rechnung heraus. Die Momente des Auflagerdruckes von 45 t und der Kraft P_z in der unteren Gurtung müssen sich also gegenseitig aufheben. Der betreffende Trägerteil wird aufgefaßt als Winkelhebel mit dem Drehpunkt C.

$$45\,t \cdot 8\,\mathrm{m} = P_z \cdot 4,4\,\mathrm{m}\,.$$

$$P_z = 82\,t\,.$$

Lösung durch Rechnung.
Verfahren von Ritter.

Es werden durch das Fachwerk der Reihe nach verschiedene Schnitte $A - A$, $B - B$ usw. gelegt und als Drehpunkte für die

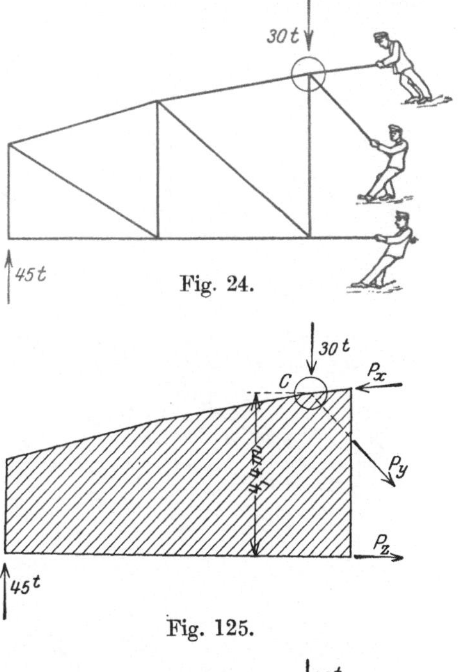

Fig. 24.

Fig. 125.

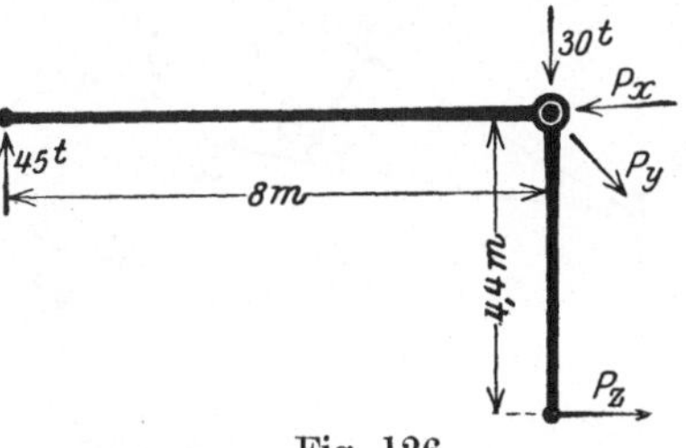

Fig. 126.

Aufstellung der Momentengleichungen die Schnittpunkte mehrerer Stabkräfte angenommen, so daß nur 2 wirksame Drehmomente übrigbleiben. Dann kann aus der Momentengleichung jedesmal eine unbekannte Stabkraft errechnet werden.

Schnitt	Drehpunkt	Stabkraft	Bemerkungen
$A - A$	I	$S_1 = + \dfrac{(A - Q_1)\,c}{d}$	Zug
$A - A$	II	$S_2 = - \dfrac{(A - Q_1)\,a}{b}$	Druck
$B - B$	III	$S_3 = - \dfrac{Q_2 \cdot c}{e}$	Druck. In der Nebenfigur besonders dargestellt
$C - C$	I	$S_4 = - \dfrac{(A - Q_1)\,a - Q_2 f}{b}$	Druck
$C - C$	IV	$S_5 = + \dfrac{(A - Q_1)\,h + Q_2 \cdot i}{g}$	Zug
$C - C$	V	$S_6 = + \dfrac{(A - Q_1)\,2c - Q_2 \cdot c}{k}$	Zug

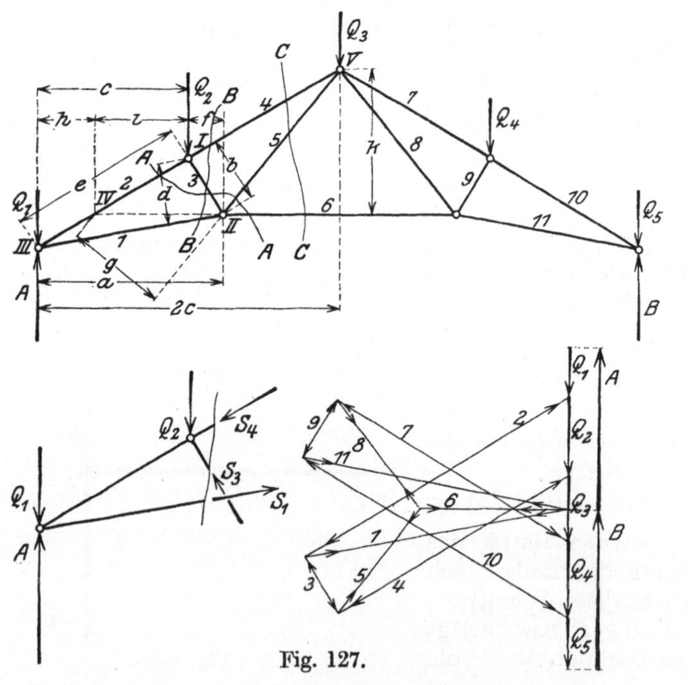

Fig. 127.

Vorstehende Untersuchung bezieht sich nur auf die Beanspruchung des Dachbinders durch Lasten, die ausschließlich in den Knotenpunkten angreifend gedacht sind. Die Stabkräfte der rechten Seite sind hierfür symmetrisch gleich denjenigen der linken Seite.

Zeichnerische Lösung. Kräfteplan von Cremona.

Da am ganzen Fachwerk Gleichgewicht vorhanden ist, müssen an jedem einzelnen Knotenpunkt sämtliche hier wirkenden Kräfte, äußere und innere, im Gleichgewicht sein. Kräfte, die an einem Angriffspunkt im Gleichgewicht sind, lassen sich zu einem geschlossenen Kräftepolygon zusammensetzen.

Es werden die Belastungen Q_1 bis Q_5 auf einer Senkrechten geometrisch addiert. Die mit den Lasten im Gleichgewicht befindlichen Auflagerdrücke A und B bilden eine nach aufwärts gerichtete Kraftlinie, die der Deutlichkeit halber in der Fig. 127 seitlich herausgezeichnet ist. Im Kräfteplan sind nun parallel zu den einzelnen Fachwerkstäben Linien, bezeichnet mit den Nummern der einzelnen Stäbe, gezogen. Zu den an irgendeinem Knotenpunkt des Fachwerks im Gleichgewicht befindlichen Kräften gehört im Kräfteplan ein geschlossenes Polygon, das — ausgehend von den äußeren Lasten — im Sinne der Lasten fortfahrend umfahren werden muß. Zwei ←→ an derselben Linie bedeuten Druck, zwei >—< bedeuten Zug im entsprechenden Fachwerkstabe. Jeder Stab erscheint bei der Untersuchung von 2 Knotenpunkten. Liegt der betreffende Knotenpunkt unten, so gilt der untere, liegt der betreffende Knotenpunkt links, gilt der linke Pfeil usw.

5. Drehungsfestigkeit.

A. Berechnung von Wellen für die Übertragung eines bestimmten Drehmomentes.

Die in der Fig. 128 gegebene Welle wird durch die Scheibe I angetrieben und überträgt die Drehung auf die Scheibe II. Hierbei werden nach Fig. 129 zwei beliebige benachbarte Querschnitte gegeneinander verdreht, so daß ein Flächenstückchen f_1 des einen Quer-

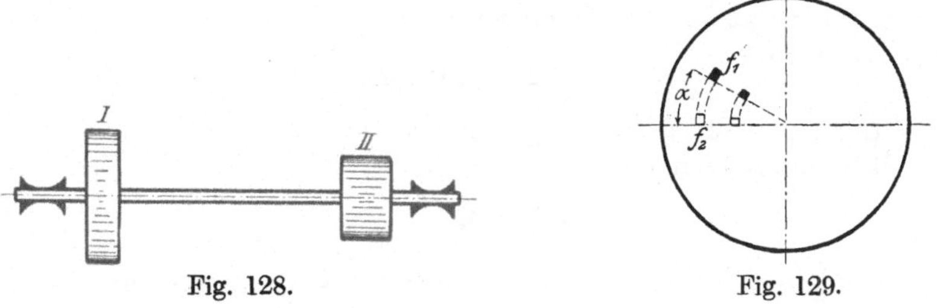

Fig. 128.   Fig. 129.

schnittes, das ursprünglich dem Flächenstückchen f_2 des anderen Querschnittes benachbart war, nachher einen Winkel α mit diesem einschließt. Je weiter die Flächenstückchen von der Drehachse entfernt angenommen werden, um so größer ist ihre gegenseitige Verschiebung. Je größer diese Verschiebung, je größer also die Verlängerung der sie verbindenden Materialfasern, um so größer ist die in diesen hervorgerufene Spannung (umgerechnet auf 1 qcm). Die größte Spannung, die nicht größer werden darf als die zulässige, tritt also am äußeren Umfange in der Entfernung r von der Achse auf.

Es bedeutet k_d die zulässige Drehungsbeanspruchung. Dann ist die Beanspruchung in der Entfernung 1:

$$\frac{k_d}{r}.$$

Die innere Kraft, welche auf ein in der Entfernung r_1 von der Drehachse gelegenes Flächenstückchen f ausgeübt wird, ist demnach:

$$\frac{k_d}{r} \cdot r_1 \cdot f.$$

Diese Kraft wirkt an dem Hebelarm r_1 und widersteht demnach der Verdrehung mit dem Moment:

$$\frac{k_d}{r} \cdot r_1^2 \cdot f.$$

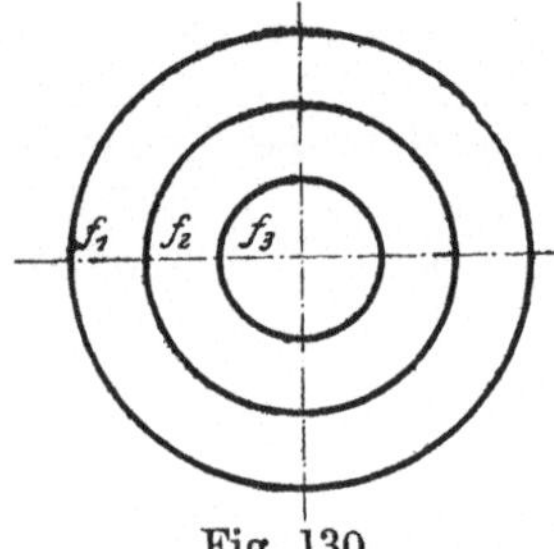

Fig. 130.

Der ganze Querschnitt wird nach Fig. 130 aus z. B. drei Flächenteilen f_1, f_2, f_3 (oder aus sehr vielen sehr schmalen Ringen) zusammengesetzt gedacht. Die drei Momente der auf diese Teile wirkenden inneren Kräfte halten zusammen dem Moment M der äußeren Kraft das Gleichgewicht:

$$M = \frac{k_d}{r} \cdot (r_1^2 \cdot f_1 + r_2^2 \cdot f_2 + r_3^2 \cdot f_3).$$

$$f_1 + f_2 + f_3 = F.$$

Der in der Klammer stehende Wert heißt das polare Trägheitsmoment J_p des Querschnittes.

Allgemein:

$$J_p = \sum r^2 \, \varDelta F.$$

Hier hat r für jeden Ring einen besonderen Wert.
Benennung: cm⁴.

$$\frac{J_p}{r} = W_p$$

ist das polare Widerstandsmoment des Querschnittes.

Benennung: cm³.

Es ergibt sich das drehende Moment:

$$M = W_p \cdot k_d.$$

Für den Kreisquerschnitt[1]) gilt nach Fig. 131:

$$J_p = \frac{\pi \cdot d^4}{32},$$

$$W_p = \frac{\pi \cdot d^3}{16} = \sim 0{,}2 \cdot d^3.$$

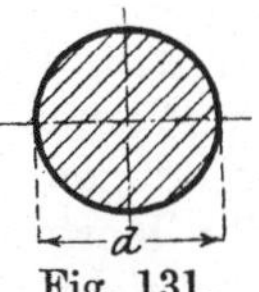
Fig. 131.

Zusammenhang zwischen polarem und äquatorialem Trägheitsmoment.

Fig. 132. Das kleine Flächenstückchen f hat die äquatorialen Trägheitsmomente:

1. in bezug auf Achse X:
$$J_x = f \cdot y^2,$$

2. in bezug auf Achse Y:
$$J_y = f \cdot x^2.$$

Nach dem Pythagoreischen Lehrsatze ist:

$$x^2 + y^2 = r^2,$$

$$f \cdot x^2 + f \cdot y^2 = f \cdot r^2,$$

$$J_x + J_y = J_p.$$

Fig. 132.

Das polare Trägheitsmoment eines Querschnittes ist gleich der Summe zweier äquatorialer Trägheitsmomente, deren Achsen aufeinander senkrecht stehen und sich im Pole schneiden. Der Satz gilt nicht nur für das kleine beliebige Flächenteilchen, sondern auch für den ganzen Querschnitt.

Berechnung einer Welle für die Übertragung einer bestimmten Anzahl PS[2]).

Das zu übertragende Moment (Fig. 133) in Meter - Kilogramm ist:

$$M = P \cdot r,$$

In cmkg: $100 \cdot P \cdot r = 0{,}2 \cdot d^3 \cdot k_d,$

$$\frac{100 \cdot P \cdot r \cdot 2 \cdot \pi n}{60 \cdot 75} = 100 \cdot N = 0{,}2 \cdot d^3 \cdot k_d \cdot \frac{2 \cdot \pi n}{60 \cdot 75},$$

$$\frac{100 \cdot 60 \cdot 75}{2 \cdot \pi} \cdot \frac{N}{n} = 0{,}2 \cdot d^3 \cdot k_d.$$

$$71\,620 \cdot \frac{N}{n} = 0{,}2 \cdot d^3 \cdot k_d.$$

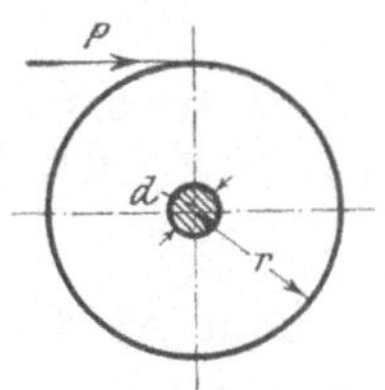
Fig. 133.

$$d \text{ in cm!}$$

---

[1]) Siehe Ableitung S. 66.
[2]) 1 PS = 75 mkg in 1 sk.

$N =$ Anzahl der zu übertragenden PS.

$n =$ Umgangszahl der Welle in 1 Minute.

Für die Übertragung einer gegebenen Leistung kann der Wellendurchmesser also um so kleiner sein, je schneller die Welle läuft.

Beispiel. Ein Vorgelege soll bei $n = 300$ minutlichen Umdrehungen $N = 5$ PS übertragen. Die Tabelle der B. A. M. A. G. gibt hierfür den erforderlichen Durchmesser $d = 45$ mm an; mit Rücksicht auf hinzukommende Biegung wird gewählt $d = 50$ mm.

Übertragene Umfangskraft $P = 60$ kg an Riemscheibe vom Durchmesser $D = 400$ mm. Drehendes Moment:

$$P \cdot \frac{D}{2} = 12 \text{ mkg.}$$

Die reine Drehungsbeanspruchung ist:

$$k_d = \frac{71\,620}{0,2 \cdot d^3} \cdot \frac{N}{n} = \frac{71\,620 \cdot 5}{0,2 \cdot 125 \cdot 300} = 48 \text{ kg/qcm.}$$

Hierzu kommt Biegungsbeanspruchung. Siehe Biegungsfestigkeit und zusammengesetzte Beanspruchung.

B. Berechnung von Wellen nach dem zulässigen Verdrehungswinkel.

Es ist in Fig. 134 angenommen, daß die beiden ursprünglich gleichgerichteten Radien R_I und R_{II} in den zwei parallelen um 1 cm voneinander entfernten Querschnitten I und II durch das Drehmoment die gezeichnete Lage bekommen. Die hierbei auftretende größte Schiebung[1]) am äußeren Umfange ist

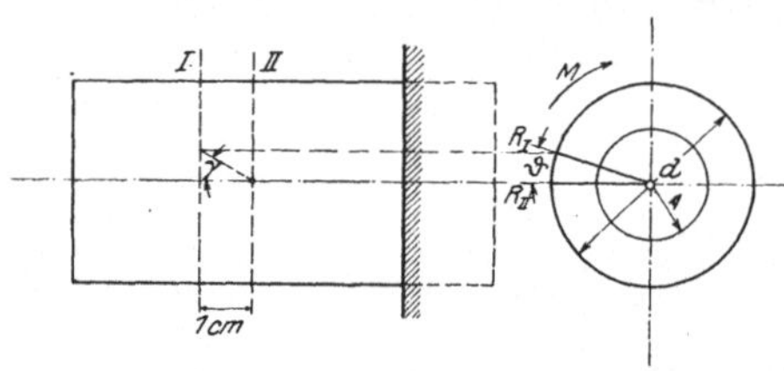

Fig. 134.

$$\frac{d}{2}\,\vartheta = \frac{\tau}{G} = \gamma.$$

Im Grenzfalle darf die größte hervorgerufene Schubspannung $\tau_{\max}$ gleich der zulässigen k_s werden

$$\tau_{\max} = k_s.$$

Dann ist der verhältnismäßige Verdrehungswinkel für den Abstand 1 cm der verglichenen Querschnitte:

$$\vartheta = 2\,\frac{k_s}{G} \cdot \frac{1}{d}.$$

---

[1]) Siehe S. 58.

Für eine Wellenlänge l ist dann der ganze Verdrehungswinkel

$$\psi = l \cdot \vartheta \,.$$

Nach S. 89 gilt

$$71\,620\,\frac{N}{n} = 0,2\,d^3 \cdot k_d \,,$$

$$k_d = \frac{\vartheta \cdot G \cdot d}{2}\,,$$

$$k_d = k_s,$$

$$71\,620\,\frac{N}{n} = 0,1\,d^4 \cdot \vartheta \cdot G \,.$$

Zugelassen wird für 1 lfd. m Wellenlänge eine Verdrehung der Endquerschnitte um

$$\psi = \tfrac{1}{4}^\circ = 0,00435 \,.$$

Also:

$$\vartheta = 0,01\,\psi = 0,0000435 \,.$$

Für Flußeisen ist das Gleitmaß:

$$G = \sim 800\,000 \,.$$

Es ergibt sich hieraus:

$$d = 12\,\sqrt[4]{\frac{N}{n}} \,.$$

C. Berechnung von Schraubenfedern.

Bei der Durchbiegung der Schraubenfeder (Fig. 135) verdrehen sich die benachbarten Querschnitte gegeneinander. Es ist dann der größte verhältnismäßige Verdrehungswinkel für zwei um 1 cm voneinander entfernte Nachbarquerschnitte

$$\vartheta = \frac{2\,k_s}{G \cdot d} = \frac{2\,k_d}{G \cdot d} \,.$$

Für den Umfang, d. h. für eine volle Windung ergibt sich der ganze Verdrehungswinkel

$$\alpha = 2\,r\,\pi\,\vartheta \,.$$

Also ist für eine Windung die Senkung eines mit dem letzten Federquerschnitt verbundenen Punktes in der Federachse:

$$r\,\alpha = \frac{4\,k_s\,r^2\,\pi}{G\,d} = \frac{4\,k_d \cdot r^2\,\pi}{G \cdot d} \,,$$

$$k_d = \frac{P \cdot r}{\dfrac{\pi\,d^3}{16}} \,,$$

$$r\,\alpha = \frac{64\,P\,r^3}{G\,d^4} \,.$$

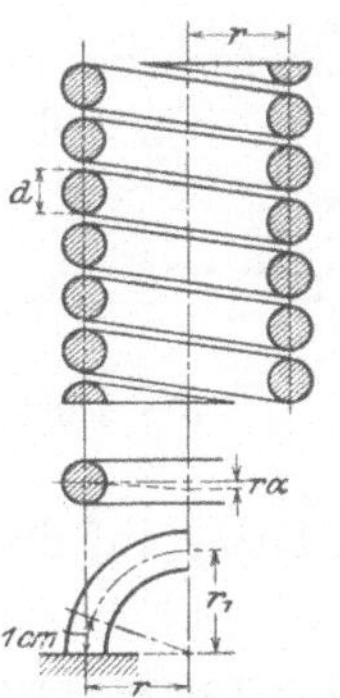

Fig. 135.

Die Senkung infolge der Biegung z. B. des gezeichneten Quadranten am Hebelarm $r_1 = r$ ist vernachlässigt.

Bei n-Windungen der ganzen Feder ist dann die Gesamtdurchbiegung

$$f = \frac{n \cdot 64\, P \cdot r^3}{G \cdot d^4}.$$

Beispiel. $n = 10$, $r = 75$ mm, $d = 30$ mm, $G = 850\,000$ kg/qcm, $P = 3000$ kg.

$$f = \frac{10 \cdot 64 \cdot 3000 \cdot 7{,}5^3}{850\,000 \cdot 3^4} = 117\ \text{mm}.$$

Der Versuch zeigte nach Angabe der Westfalen-Stahlwerke, Bochum, $f = 120{,}5$ mm.

Beispiel. Schraubenfeder, Drahtdurchmesser $d = 18$ mm, $r = 34$ mm, $k_d = 4500$ kg/qcm, $G = 750\,000$ kg/qcm, $n = 3{,}5$ federnde Windungen. Drehmoment $P\,r$.

Größte zulässige Last:

$$P = \frac{\pi\, d^3}{16} \frac{k_d}{r} = \frac{3{,}14 \cdot 1{,}8^3 \cdot 4500}{16 \cdot 3{,}4} = 1510\ \text{kg}.$$

Gesamte Durchbiegung:

$$f = \frac{3{,}5 \cdot 64 \cdot 1510 \cdot 3{,}4^3}{750\,000 \cdot 1{,}8^4} = \sim 1{,}7\ \text{cm}.$$

6. Knickfestigkeit.

Knickbeanspruchung tritt auf bei Stangen, die in der Achsenrichtung durch Kräfte belastet sind, weil weder die Kräfte genau in der Stangenachse wirken, noch das Material der Stange ganz gleichartig ist. Bei einer Kolbenstange z. B. wirkt an dem einen Ende (Fig. 136) der Dampfdruck P auf den Kolben und an dem anderen Ende der ebenso große[1]) vom Kreuzkopf ausgeübte Gegendruck. Unter dem Einfluß dieser Kräfte wird die Stange in der Mitte etwas ausweichen, wie in Fig. 136b übertrieben angedeutet

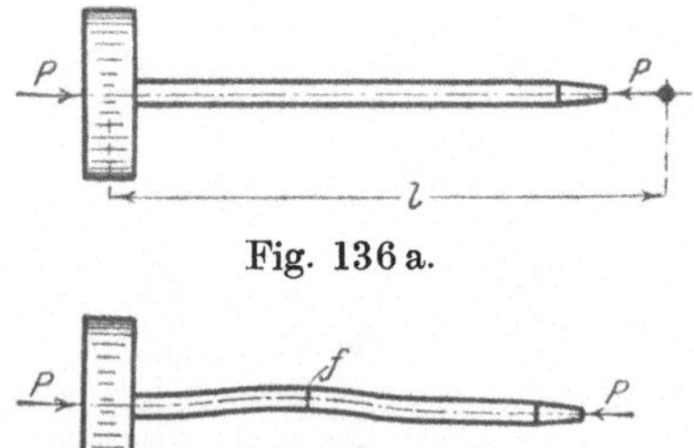

Fig. 136 a.

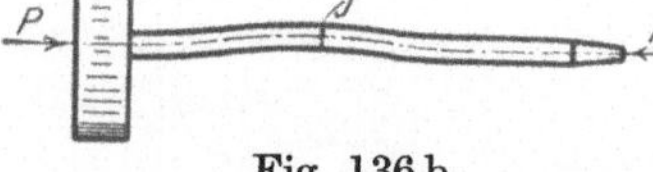

Fig. 136 b.

ist. In Bezug auf den gefährlichen Querschnitt f wirkt demnach ein Biegungsmoment, das die Krümmung der Stange immer mehr zu

---

[1]) Die zu der Beschleunigung des Kolbens erforderliche Kraft ist hier nicht berücksichtigt.

vergrößern bestrebt ist. In den meisten Fällen der Knickbeanspruchung bei Maschinenteilen und Bauteilen nimmt man wie hier an, daß die Stangenenden sich etwas drehen und auf der ursprünglichen geraden Stangenachse sich einander nähern.

Dann wird gerechnet nach der Formel:

$$P = \frac{\pi^2 \cdot E \cdot J}{m \cdot l^2}.$$

Hierin bedeuten:

E das Elastizitätsmaß des Materiales,

J das kleinste äquatoriale Trägheitsmoment der gedrückten Stange in cm⁴,

l die Stangenlänge in cm[1]),

m den Sicherheitskoeffizienten.

Beispiel. Auf einen Kolben wirkt die Kraft $P = 4000$ kg. Die Länge der Kolbenstange ist $l = 100$ cm. Das Material der Stange ist Flußstahl. Dem entspricht $E = 2\,200\,000$. $m = 20$.

$$4000 = \frac{\pi^2 \cdot E \cdot J}{m \cdot l^2} = \frac{10 \cdot 2\,200\,000 \cdot J}{20 \cdot 10\,000},$$

$$J = \frac{\pi \cdot d^4}{64} = 36{,}4 \text{ cm}^4,$$

$$d = \sim 52 \text{ mm}.$$

Zusammengesetzte Festigkeit.

7. Druck (Zug) und Biegung.

Ein quadratischer Mauerpfeiler vom Gewicht Q ruft in der Fundamentfläche die Druckbeanspruchung

$$k = \frac{Q}{F}$$

hervor.

Der den Pfeiler (Fig. 137) seitlich treffende Winddruck W sucht ihn um die Kante $\mathfrak{K}$ zu kippen mit dem Moment

$$M = W \cdot b.$$

Die hervorgerufene Biegungsbeanspruchung (Zug oder Druck) ist

$$k_b = \frac{M}{W}.$$

W ist das äquatoriale, auf die Schwerachse s bezogene Widerstandsmoment der Fundamentfläche.

Falls $$k_b < k,$$

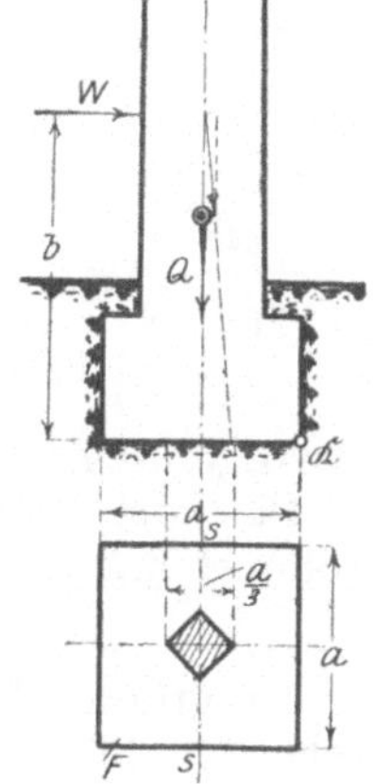

Fig. 137.

---

[1]) Bei Kolbenstangen gerechnet von Mitte Kolben bis Mitte Kreuzkopfzapfen.

so ist die hervorgerufene Gesamtbeanspruchung

$$\sigma = k \pm k_b = \frac{Q}{F} \pm \frac{M}{W}$$

überall in der Fundamentfläche Druckbeanspruchung.

Die beiden Kräfte W und Q werden bis zu ihrem Schnittpunkte verschoben und dort zu der Mittelkraft R zusammengesetzt. Schneidet die Wirkungslinie von R die Fundamentfläche innerhalb der schraffiert angegebenen Fläche, die den Kern des Quadrates angibt, so werden in F nur Druckbeanspruchungen hervorgerufen[1]). Schnitte die Wirkungslinie von R die Fundamentfläche dagegen außerhalb des Kernes, so würden in der Fundamentfläche auch Zugspannungen (in der Fig. 137 auf der linken Seite) hervorgerufen werden. Zugspannungen können hier aber nicht übertragen werden. R muß daher das Fundament im mittleren Drittel der Fundamentbreite schneiden.

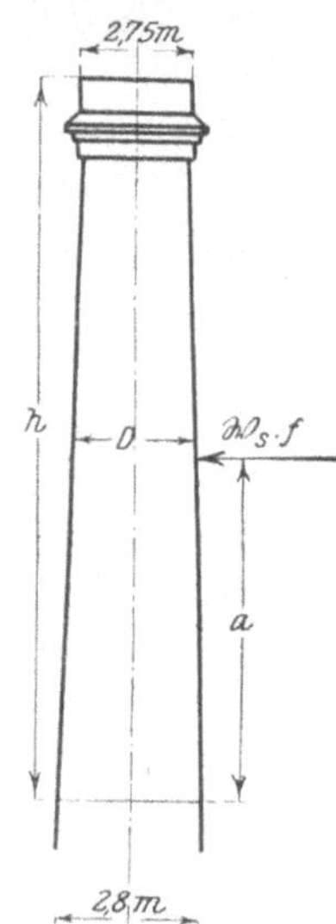

Beispiel. Fig. 138. Die oberste Trommel eines Fabrikschornsteines hat $h = 15$ m Höhe. Der mittlere Außendurchmesser ist

$$D = 3{,}02 \text{ m},$$

der mittlere lichte Durchmesser ist

$$d = 2{,}52 \text{ m}.$$

Bei einem spezifischen Gewicht $\gamma = 1{,}8$ beträgt das Gesamtgewicht der Trommel

$$Q = 58\,870 \text{ kg}.$$

In dem untersten Querschnitt

$$F = 23\,954{,}7 \text{ qcm}$$

der Trommel wird durch das Eigengewicht die Druckbeanspruchung

$$k_k = \frac{58\,870}{23\,954{,}7} = \sim 2{,}45 \text{ kg/qcm}$$

Fig. 138.

hervorgerufen.

Die vom Wind getroffene Projektion (Trapez) der Schonsteintrommel hat die Fläche

$$f = 45{,}3 \text{ qm}.$$

Als größter Winddruck pro 1 qm einer senkrecht zum Winde stehenden Fläche wird gerechnet:

$$\mathfrak{W} = 150 \text{ kg}.$$

---

[1]) Siehe auch S. 96.

Wegen der Kegelgestalt der Schornsteintrommel wird ein teilweises seitliches Abgleiten des Windes angenommen, so daß auf 1 qm Projektion der Schornsteintrommel wirkt der Winddruck:

$$\mathfrak{W}_s = 0{,}67 \cdot \mathfrak{W} = \sim 100 \text{ kg.}$$

Auf die ganze Schornsteintrommel wirkt der Winddruck

$$\mathfrak{W}_s \cdot f = 4530 \text{ kg.}$$

Dieser greift im Schwerpunkt der trapezförmigen Aufrißprojektion der Schornsteintrommel an und wirkt in bezug auf die Fläche F an dem Hebelarm:

$$a = 7{,}28 \text{ m.}$$

Das Moment des Winddruckes ist

$$M = 4530 \cdot 7{,}28 = 33\,000 \text{ mkg.}$$

Das Widerstandsmoment der Fläche F, bezogen auf eine Schwerachse, ist:

$$W = \frac{\dfrac{\pi}{64} \cdot (d_1{}^4 - d_2{}^4)}{\dfrac{d_1}{2}} = 1\,700\,000 \text{ cm}^3,$$

$$d_1 = 330 \text{ cm,}$$
$$d_2 = 280 \text{ cm.}$$

Die größten in F durch den Wind hervorgerufenen Biegungsbeanspruchungen sind daher:

$$k_b = \frac{M}{W} = \frac{3\,300\,000}{1\,700\,000} = 1{,}94 \text{ kg/qcm.}$$

k_b bedeutet auf der dem Winde zugewandten Seite Zugbeanspruchung, auf der dem Winde abgewandten Seite Druckbeanspruchung.

Die größte, durch Eigengewicht und Winddruck hervorgerufene Gesamtbeanspruchung ist:

$$\sigma = k + k_b = 2{,}45 + 1{,}94 = 4{,}39 \text{ kg/qcm Druckbeanspruchung.}$$

Die kleinste Gesamtbeanspruchung ist:

$$\sigma = k - k_b = 2{,}45 - 1{,}94 = 0{,}51 \text{ kg/qcm Druckbeanspruchung.}$$

Die Rechnung gibt nur eine Annäherung, weil in Wirklichkeit das Hookesche Gesetz, das der Rechnung zugrunde lieg, hier nur annähernd gilt.

Beispiel. Fig. 139. Der Spurzapfen eines Drehkranes ist durch den Gegendruck N der Spurpfanne gleichmäßig auf Druck beansprucht.

$$k = \frac{N}{F} \cdot$$

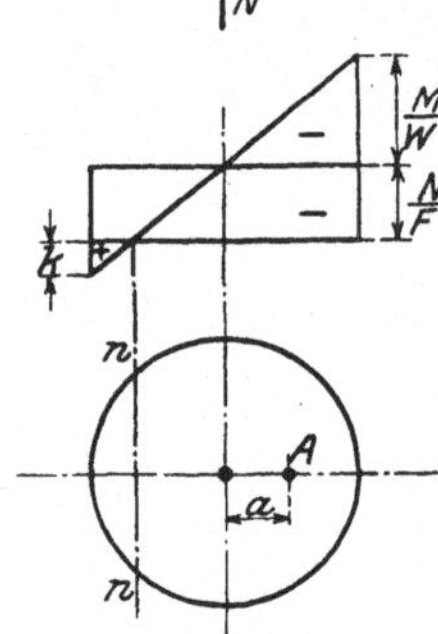

Außerdem wirkt das biegende Moment:

$$M = H\,\frac{l}{2} = N \cdot a\,.$$

a ist die Entfernung des Punktes, in dem die Mittelkraft von N und H den gefährlichen Querschnitt schneidet.

Rechts addieren sich die beiden Druckspannungen:

$$\sigma = -\frac{N}{F} - \frac{M}{W}\,.$$

Auf der linken Seite ergibt sich die Zugspannung

$$\sigma = -\frac{N}{F} + \frac{M}{W}\,.$$

$$\frac{M}{W} > \frac{N}{F}\,.$$

Die neutrale Achse n des Querschnittes ist durch die zusammengesetzte Beanspruchung aus der Schwerachse herausgerückt. Die Mittelkraft von N und H schneidet den gefährlichen Querschnitt außerhalb des Kernes.

Ist das wirksame Moment $N \cdot r$, so ist die kleinste Spannung im Querschnitt 0. Dann ist $k_b = k$

$$\frac{M}{W} = \frac{N \cdot r}{W} = \frac{N}{F}\,,$$

$$r = \frac{W}{F}\,.$$

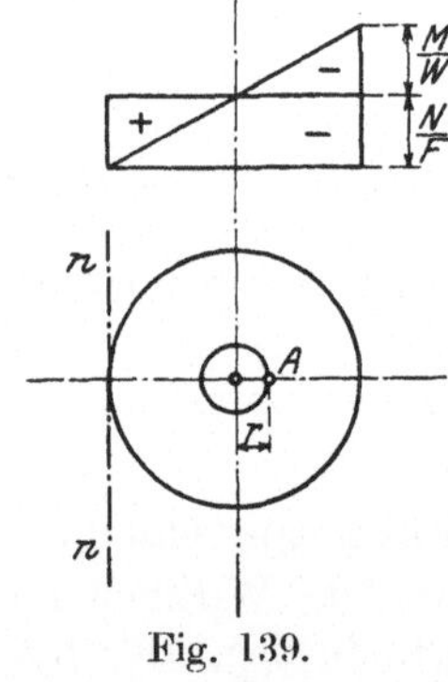

r heißt die Kernweite des Querschnittes. Greift N noch näher am Schwerpunkte S an, so herrscht auch in der äußersten Faser links Druck.

$$r = \frac{\dfrac{\pi\,d^3}{32}}{\dfrac{\pi\,d^2}{4}} = \frac{d}{8}\,.$$

Fig. 139.

8. Biegung und Drehung.[1])

Das wirksame Biegungsmoment M_b und das Drehmoment M_d werden nach Bach zu einem Dreh - Biege - Moment M_i zu-

---

[1]) Zur Bestimmung von M_i auch Tabellen zu brauchen. Hütte. Bd. I.

sammengesetzt nach der für den Kreisquerschnitt gültigen Formel:

$$M_i = \tfrac{3}{8} \cdot M_b + \tfrac{5}{8}\sqrt{M_b^2 + M_d^2}\,.$$

Handkurbel.

Fig. 140. Drehendes Moment:

$$M_d = K \cdot a.$$

Biegendes Moment:

$$M_b = K \cdot b\,.$$

Dreh-Biege-Moment angenähert:

$$M_i = K \cdot c\,.$$

Beispiel. An einem Vorgelege wirken:

$$M_b = 5550 \text{ cmkg},$$
$$M_d = 1200 \text{ cmkg},$$
$$M_i = \tfrac{3}{8} \cdot 5550 + \tfrac{5}{8}\sqrt{5550^2 + 1200^2}\,,$$
$$M_i = 5640 \text{ cmkg},$$
$$k_b = 500 \text{ kg/qcm}.$$

Fig. 140.

Erforderlich:

$$W = \frac{5640}{500} = 11{,}3 = 0{,}1 \cdot d^3.$$

Wellendurchmesser:

$$d = 48{,}3 = \sim 50 \text{ mm}.$$

9. Träger mit gekrümmter Achse.

Bei einem Träger mit gekrümmter Achse
(Fig. 141) liegen zwei benachbarte Querschnitte, die beide senkrecht zur Stabachse
gedacht sind, nicht parallel zueinander.
Es sind also die einzelnen Materialfasern,
welche die beiden gedachten Querschnitte
miteinander verbinden, z. B. die äußersten l_a
und l_i, von verschiedener Länge.

1. Zug. Die Zugkraft Q, die gleichmäßig über
den Querschnitt verteilt wirkt, ruft demnach
in den einzelnen Verbindungsfasern der beiden
Querschnitte gleiche Dehnungen, aber verschiedene Verlängerungen hervor, d. h. die
Querschnitte drehen sich gegeneinander
infolge der Zugbelastung Q um den Punkt O

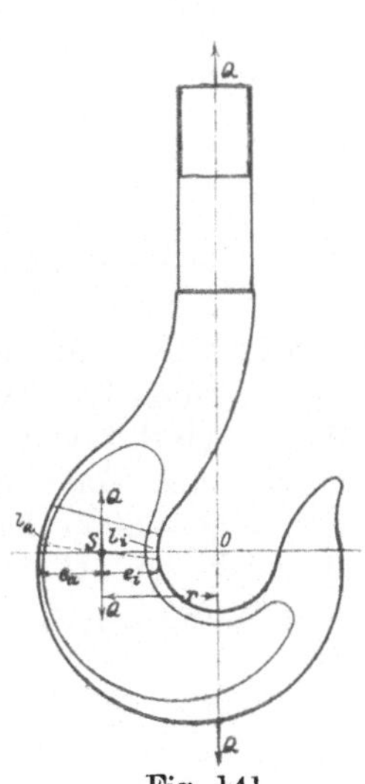

Fig. 141.

2. Biegung:

Das Biegungsmoment $Q \cdot r$ dreht den unteren Querschnitt um seinen Schwerpunkt S zurück. Es wird angenommen, daß der Querschnitt eben bleibt. Dann werden zwei Verbindungsfasern zwischen beiden Querschnitten, die gleich weit nach innen und außen vom Schwerpunkt S entfernt sind, um den gleichen Betrag verlängert und verkürzt. Die betr. innere Faser ist aber wegen der Krümmung ursprünglich kürzer als die entsprechende äußere. Also werden die inneren Fasern stärker gedehnt als die äußeren gestaucht. Nach dem Hookeschen Gesetz werden demnach die inneren Fasern bei der Rückdrehung durch das Biegungsmoment stärker beansprucht als die äußeren.

Die in der äußersten Faser hervorgerufene Randspannung[1] ist:

$$k_a = \frac{Q}{F} - \frac{M}{W}\,(1 - m_a),$$

die in der innersten Faser hervorgerufene Spannung ist:

$$k_i = \frac{Q}{F} + \frac{M}{W}\,(1 + m_i),$$

hierin sind m_a und m_i Zahlenwerte, die beide < 1 und aus der Hakenform und dem Querschnitt zu berechnen sind.

Für das gleichschenklige Trapez auch mit Abrundungen:

$$m_a = \frac{0,6\,\dfrac{e_a}{e_i} - 0,14}{\dfrac{r}{e_i} + \left(\dfrac{e_a}{e_i} - 1\right) \cdot \left(13 - 4\,\dfrac{e_a}{e_i}\right) \cdot 0,16},$$

$$m_i = \frac{0,2\,\dfrac{e_a}{e_i} + 0,3}{\dfrac{r}{e_i} - 0,9 + 0,06\,\dfrac{e_a}{e_i}}.$$

k_i ergibt sich aus den obigen Formeln zahlenmäßig größer als für einen graden Stab von demselben Querschnitt, der in der gleichen Weise belastet wäre.

Beispiel. **Hakenquerschnitt.** (Fig. 142.) A ist Angriffspunkt der Last. $Q = 3000$ kg. Querschnitt zusammengesetzt aus Trapez, einer oberen halben Ellipse und einer unteren halben Ellipse.

Fläche des Trapezes:

$$f_1 = \frac{h}{2} \cdot (2\,a_2 + 2\,a_3) = \frac{5}{2} \cdot (4,8 + 3) = 19,5 \text{ qcm.}$$

---

[1] Nach Pfleiderer, Z. d. V. D. I. 1907. S. 1507.

Fläche der unteren Halbellipse:

$$f_2 = \frac{\pi}{2} \cdot a_2 \cdot b_2 = 1,57 \cdot 2,4 \cdot 1 = 3,76 \text{ qcm.}$$

Fläche der oberen Halbellipse:

$$f_3 = \frac{\pi}{2} \cdot a_3 \cdot b_3 = 1,57 \cdot 1,5 \cdot 0,5 = 1,18 \text{ qcm.}$$

Fläche des ganzen Hakenquerschnittes:
$$F = f_1 + f_2 + f_3 = 24,44 \text{ qcm.}$$

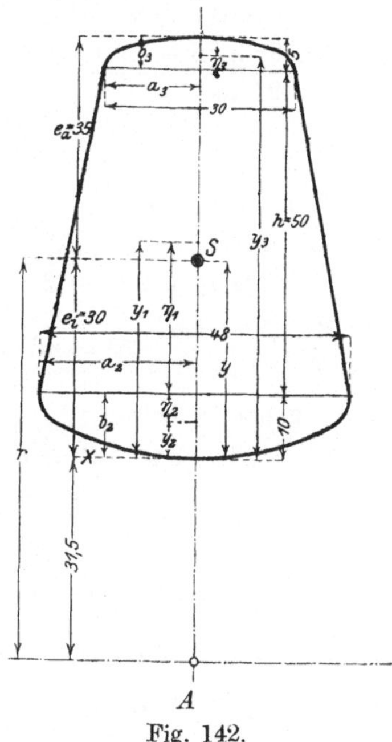

Fig. 142.

Schwerpunktsbestimmung.

Trapez:

$$\eta_1 = \frac{h}{3} \cdot \frac{2\,a_2 + 4\,a_3}{2\,a_2 + 2\,a_3} = \frac{5}{3} \cdot \frac{4,8 + 6}{4.8 + 3} = 2,3 \text{ cm.}$$

Untere Halbellipse:

$$\eta_2 = \frac{4 \cdot b_2}{3 \cdot \pi} = \frac{4 \cdot 1}{3 \cdot 3,14} = 0,42 \text{ cm.}$$

Obere Halbellipse:

$$\eta_3 = \frac{4 \cdot b_3}{3 \cdot \pi} = \frac{4 \cdot 0,5}{3 \cdot 3,14} = 0,21 \text{ cm.}$$

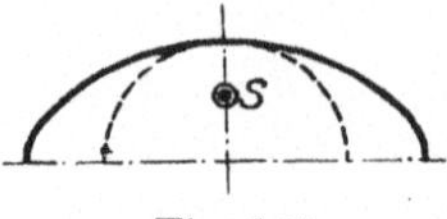
Fig. 143.

Der Schwerpunkt S einer Halbellipse fällt zusammen mit demjenigen eines Halbkreises, dessen Radius hier gleich ist der kleinen Halbachse der Ellipse (Fig. 143).

Abstände der Einzelschwerpunkte von der X-Achse:

Trapez	Untere Halbellipse	Obere Halbellipse
$y_1 = 3{,}3$ cm	$y_2 = 0{,}58$ cm	$y_3 = 6{,}21$ cm

Abstand des Gesamtschwerpunktes:

$$y = \frac{3{,}3 \cdot 19{,}5 + 0{,}58 \cdot 3{,}76 + 6{,}21 \cdot 1{,}18}{24{,}44} = \sim 3 \text{ cm.}$$

Trägheitsmomente.

Trapez,

bezogen auf eigene Schwerachse:

$$J = \frac{6 \cdot (2\,a_3)^2 + 6 \cdot 2\,a_3 \cdot 2 \cdot (a_2 - a_3) + (2\,a_2 - 2\,a_3)^2}{36 \cdot (4\,a_3 + 2\,a_2 - 2\,a_3)} \cdot h^3$$

$$J = \frac{6 \cdot 3^2 + 6 \cdot 3 \cdot 1{,}8 + 1{,}8^2}{36 \cdot (2 \cdot 3 + 1{,}8)} \cdot 5^3 = 40 \text{ cm}^4,$$

bezogen auf die durch S gehende Achse:

$$J_1' = J + 0{,}3^2 \cdot 19{,}5 = 41{,}75 \text{ cm}^4.$$

Obere Halbellipse,

bezogen auf die Achse a_3:

$$i' = \frac{\pi}{8} \cdot a_3 \cdot b_3^3 = 0{,}073 \text{ cm}^4,$$

bezogen auf die eigene Schwerachse:

$$i = i' - \eta_3^2 \cdot f_3 = 0{,}02 \text{ cm}^4,$$

bezogen auf die durch S gehende Achse:

$$J_3' = i + 3{,}21^2 \cdot 1{,}18 = 12{,}17 \text{ cm}^4.$$

Untere Halbellipse,

bezogen auf die Achse a_2:

$$i' = \frac{\pi}{8} \cdot a_2 \cdot b_2^3 = 0{,}94 \text{ cm}^4,$$

bezogen auf die eigene Schwerachse:

$$i = i' - \eta_2^2 \cdot f_2 = 0{,}26 \text{ cm}^4,$$

bezogen auf die durch S gehende Achse:

$$J_2' = i + 2{,}42^2 \cdot 3{,}76 = 22{,}26 \text{ cm}^4.$$

Trägheitsmoment des ganzen Querschnittes, bezogen auf die durch S gehende Achse:

$$J = J_1' + J_2' + J_3' = 76{,}18 \text{ cm}^4.$$

Abstände der äußersten Fasern des Hakenquerschnittes von der durch S gehenden Schwerachse:

$$e_i = 30 \text{ mm},$$
$$e_a = 35 \text{ mm}.$$

Die gesamte Beanspruchung außen am Hakenrücken wird berechnet nach der Formel:

$$k_a = \frac{Q}{F} - \frac{M \cdot e_a}{J} \cdot (1 - m_a),$$

$$= \frac{3000}{24{,}44} - \frac{18\,500 \cdot 3{,}5}{76{,}18} \cdot (1 - 0{,}25),$$

$$= 123 - 637 = -514 \text{ kg/qcm Druckbeanspruchung.}$$

Die gesamte Beanspruchung innen am Hakenmaul wird berechnet:

$$k_i = \frac{Q}{F} + \frac{M \cdot e_i}{J} \cdot (1 + m_i),$$

$$= \frac{3000}{24{,}44} + \frac{18\,500 \cdot 3}{76{,}18} \cdot (1 + 0{,}44),$$

$$= 123 + 1050,$$

$$= 1173 \text{ kg/qcm Zugbeanspruchung};$$

nach der „Hütte" ist für vorzügliches zähes Schweißeisen noch zulässig die Zugbeanspruchung

$$k_z = 1200 \text{ kg/qcm.}$$

Bei der Berechnung des Hakens als eines geraden Stabes würden sich ergeben:

$$k_a = 123 - \frac{18\,500 \cdot 3{,}5}{76{,}18},$$

$$= 123 - 850 = -727 \text{ kg/qcm Druckbeanspruchung,}$$

$$k_i = 123 + \frac{18\,500 \cdot 3}{76{,}18} = 850 \text{ kg/qcm Zugbeanspruchung.}$$

Bei Vernachlässigung der Krümmung würde sich also hier die größte Beanspruchung k_i im gefährlichen Querschnitt des Hakens um $\dfrac{1173 - 850}{1173} \cdot 100 = 27{,}5\%$ zu klein ergeben.

10. Biegungsbeanspruchung für Bremsbänder, Drahtseile usw.

Aus dem bekannten Krümmungshalbmesser der elastischen Linie ist die hervorgerufene Biegungsbeanspruchung für Bremsbänder und Riemen zu berechnen aus der Formel:

$$k_b = \frac{E \cdot e}{\varrho},$$

$$k_b = \sim \frac{E \cdot \delta}{D}.$$

Hierin bedeutet δ die Riemen- oder Banddicke oder bei Drahtseilen den Drahtdurchmesser. D ist der Scheibendurchmesser.

Beispiel. Bei einer Bandbremse[1]) ist die Stärke des Bremsbandes

$$\delta = 2 \text{ mm},$$

der Durchmesser der Bremsscheibe

$$D = 500 \text{ mm}.$$

Für das stählerne Bremsband ist

$$E = 2\,000\,000.$$

Also ist zu berechnen:

$$k_b = \frac{2\,000\,000 \cdot 0{,}2}{50} = 8000 \text{ kg/qcm}.$$

Nach Bach, „Elastizität und Festigkeitslehre" S. 422, nimmt bei dem Biegen des Bremsbandes um die Scheibe die Festigkeit des Materiales in der gekrümmten Strecke zu. Das Material erhält eine bleibende Krümmung.

Es ist anzunehmen, daß die wirklich hervorgerufene Biegungsbeanspruchung kleiner ist, als die oben berechnete. Doch werden durch das Umschlingen des Bandes in dessen gekrümmter Strecke sehr hohe Spannungen hervorgerufen.

Bei Drahtseilen ist die durch das Umlegen um die Scheibe hervorgerufene Biegungsspannung kleiner, als oben angegeben, weil Drähte und Litzen in Schraubenlinien verlaufen, deren Steigung sich ändern kann, und weil die Seele des Seiles zusammendrückbar ist. Es ist dann nach Bach zu rechnen nach der Formel:

$$k_b = \frac{3}{8} \cdot \frac{E \cdot \delta}{D}.$$

Die gesamte im gebogenen Strang eines Drahtseiles wirkende Zug-Spannung ist für die Last Q:

$$k = \frac{Q}{i \cdot \dfrac{\pi \cdot \delta^2}{4}} + \frac{3}{8} \cdot \frac{E \cdot \delta}{D}.$$

i ist die Anzahl der Drähte im Seile, δ ist der Drahtdurchmesser.

---

[1]) Siehe Bandbremse S. 43.

IV. Dynamik.

Dynamik ist die Lehre vom Zusammenhang der Kräfte mit den Bewegungen und den Bewegungsänderungen. Jede nicht aufgehobene Kraft ändert den augenblicklichen Bewegungszustand des beeinflußten Körpers. Letzterer wird in Richtung der Kraft beschleunigt oder verzögert.

Der nach Fig. 144a unterstützte Körper befindet sich unter dem Einfluß seines Eigengewichtes G

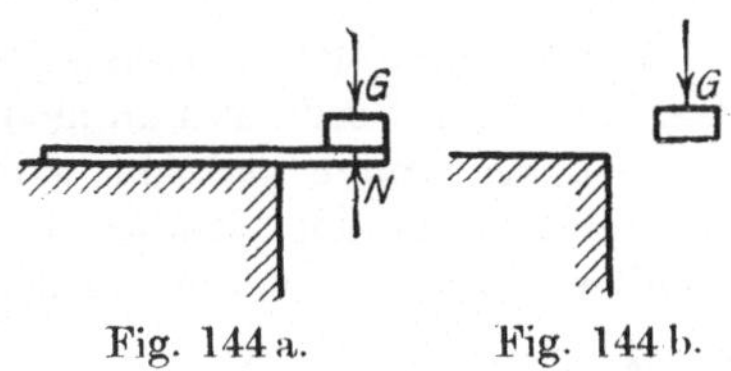

Fig. 144 a.   Fig. 144 b.

und des Gegendruckes N der Unterlage im Gleichgewicht. Nach Beseitigung der Unterstützung wirkt nur die Kraft G, die den Körper nach unten beschleunigt.

1. Gewicht und Masse der Körper.

Das Gewicht eines Körpers ist die Kraft, mit welcher er von der Erde angezogen wird. Das Gewicht eines Körpers ist an den verschiedenen Punkten der Erde verschieden, es wächst mit der Näherung an den Erdmittelpunkt und nimmt mit der Entfernung ab. In demselben Maße wächst und nimmt ab die Beschleunigung g, die der Körper an den verschiedenen Stellen der Erde durch sein Gewicht erhält.

Als Mittelwert wird gerechnet:

$$g = 9{,}81 \text{ m/sk}^2,$$

oder abgerundet:

$$g = \sim 10 \text{ m/sk}^2.$$

Das Verhältnis:

$$\frac{G}{g} = m = \text{Masse des Körpers vom Gewicht G,}$$

Benennung: $\dfrac{\text{kg}}{\text{m}} \cdot \text{sk}^2,$

behält für denselben Körper an allen Stellen der Erde gleichen Wert.

$$G = m \cdot g,$$

Gewicht = Masse × Beschleunigung des freien Falles.

2. Dynamisches Grundgesetz[1]).

Die Kraft P, welche notwendig ist, um einem Körper von der Masse m die Beschleunigung p zu erteilen, ist zu berechnen nach der Formel:

$$P = m \cdot p,$$

Kraft = Masse $\times$ Beschleunigung.

Es verhalten sich hiernach die Kräfte wie die von ihnen derselben Masse erteilten Beschleunigungen. Wenn von der Anfangsgeschwindigkeit 0 ausgegangen gedacht wird, sind die Beschleunigungen gleich den entsprechenden Endgeschwindigkeiten. Die bei gleichförmig beschleunigter Bewegung zurückgelegten Wege in je 1 sk sind nach der Formel $s = \dfrac{v}{2} \cdot t$ hier entsprechend den halben Endgeschwindigkeiten. Die Seiten jedes Kräftepolygons[2]) können also je nach dem Maßstabe, in dem sie gemessen werden, als Kräfte, Beschleunigungen oder Wege in 1 sk angesehen werden. Die einzelnen Teilwege entsprechend den Seitenkräften können hierbei in mehreren aufeinanderfolgenden Sekunden oder in derselben Sekunde zurückgelegt werden. Stets wird unter der obigen Voraussetzung die von Kräften beeinflußte Masse vom Anfangspunkt zum Endpunkt des Linienzuges kommen, gleichgültig, ob viele Teilkräfte oder deren Mittelkraft wirken. Schließt sich im Falle des Gleichgewichtes das Kräftepolygon, so schließt sich auch das Polygon der einzelnen Teilwege: Der Körper kommt unter dem Einfluß aller Kräfte, wenn diese nacheinander wirken, nach dem Ausgangspunkt zurück. Wenn alle Kräfte gleichzeitig wirken, bleibt der beeinflußte Körper in seiner Lage. Er erleidet keine Beschleunigung und legt keinen Weg zurück.

Beispiel. Schlitten vom Gewicht $Q = 200$ kg steht auf Eisbahn. Der Reibungskoeffizient ist $\mu = 0,02$. An dem Schlitten zieht die Kraft $Z = 5$ kg. Der Reibungswiderstand ist $\Re = 4$ kg. Die Beschleunigungskraft ist:

$$P = Z - \Re = 1 \text{ kg}.$$

Also ist die Beschleunigung des Schlittens:

$$p = \frac{P}{m} = \sim \frac{1}{20} = \sim 0,05 \text{ m/sk}^2$$

$$(g = \sim 10 \text{ m/sk}^2).$$

Bei allen Maschinen mit hin und her gehendem Kolben, z. B. Dampfmaschinen, Gasmaschinen, Pumpen, ist in der ersten Hälfte des Hubes eine nach obigem Gesetz zu berechnende Kraft P not-

---

[1]) Berechnung der Beschleunigungsarbeit: Lebendige Kraft IV, 7.
[2]) Z. B. Fig. 29.

wendig, die nur zur Beschleunigung der Triebwerksteile verbraucht wird. Das Entsprechende gilt für die Bewegung des Tisches der Hobelmaschinen.

Beispiel. Das Triebwerksgewicht einer Seite beträgt bei einer Schnellzugslokomotive $Q = 340$ kg. Die Masse derselben ist

$$m = \frac{Q}{g} = \frac{340}{9{,}81} = \sim 34{,}6.$$ Der Kolbenhub beträgt $s = 630$ mm.

Bei der höchsten Fahrgeschwindigkeit, $n = 242$ minutl. Umläufe, beträgt die Beschleunigung des Triebwerkes in den Totpunkten

$$p = \frac{v^2}{r} = \sim 203 \,\text{m/sk}^2$$ (siehe später „Zentralkraft"). Also ist in den

Totpunkten ausschließlich zur Beschleunigung des Triebwerkes notwendig die Kraft:

$$P = m \cdot p = 34{,}6 \cdot 203 = \sim 7000 \text{ kg}.$$

3. Fall und Wurf.

Freier Fall.

Ohne Berücksichtigung des Luftwiderstandes.

Das Gewicht G wirkt dauernd auf den fallenden Körper in der Bewegungsrichtung. Die Bewegung des freien Falles ist gleichförmig beschleunigt.

Senkrechter Wurf nach oben.

Ohne Berücksichtigung des Luftwiderstandes.

Das Gewicht G wirkt dauernd auf den Körper entgegen der Bewegungsrichtung. Gleichförmig verzögerte Bewegung.

Wagerechter Wurf.

Ohne Berücksichtigung des Luftwiderstandes.

Die Schwerkraft wirkt ständig geneigt zur Bahnrichtung und lenkt den Körper ab. In der wagerechten Richtung wirkt auf den freigewordenen Körper keine Kraft ein. Daher behält er in dieser Richtung seine ursprüngliche Geschwindigkeit

$$v_1$$

bei und hat nach Ablauf von t Sekunden einen Weg

$$s_1 = v \cdot t$$

zurückgelegt.

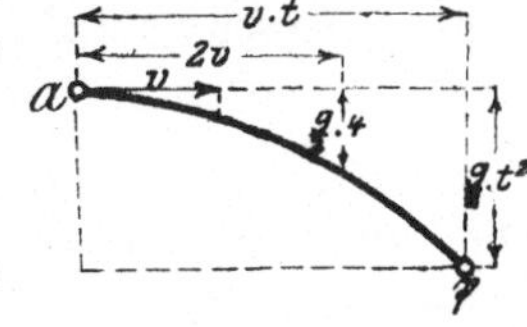

Fig. 145.

In der senkrechten Richtung beginnt der Körper seine Bewegung mit der Geschwindigkeit 0. Durch die Schwerkraft erhält er die nach unten gerichtete Beschleunigung g. Nach Ablauf von t Sekunden hat der Körper nach abwärts den Weg

$$\frac{g \cdot t^2}{2}$$

zurückgelegt. Er befindet sich also im Punkte $\mathfrak{P}$. Die Bahnlinie ist eine Parabel, deren Scheitel im Ausgangspunkte $\mathfrak{A}$ der Bewegung liegt.

Schiefer Wurf nach oben. (Fig. 146.)
Ohne Berücksichtigung des Luftwiderstandes.

Der Körper wird unter dem Winkel α gegen die Wagerechte schräg nach oben geworfen mit der Geschwindigkeit

$$c.$$

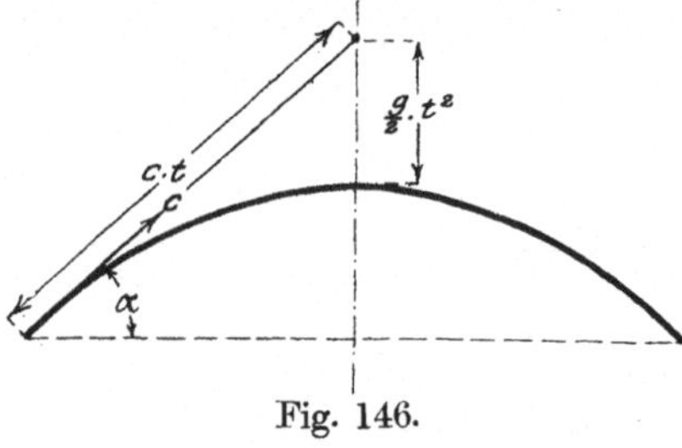

Diese besitzt eine wagerechte Seitengeschwindigkeit

$$v_1 = c \cdot \cos\alpha$$

und eine senkrechte Seitengeschwindigkeit

$$v_2 = c \cdot \sin\alpha\,.$$

Fig. 146.

In der wagerechten Richtung wirkt auf den geworfenen Körper keine Kraft. Daher bleibt die Seitengeschwindigkeit

$$c \cdot \cos\alpha$$

unverändert erhalten.

Die senkrechte Seitengeschwindigkeit wird durch die nach unten wirkende Schwerkraft beständig verändert. Vor der Erreichung des höchsten Bahnpunktes sind nach t Sekunden zusammenzusetzen in der Senkrechten die Geschwindigkeiten

1) $c \cdot \sin\alpha$ nach oben gerichtet,
2) $g \cdot t$,,   unten   ,,

Es ergibt sich nach t Sekunden die senkrecht nach oben gerichtete Geschwindigkeit:

$$v_2 = c \cdot \sin\alpha - g \cdot t\,.$$

Die Bewegung in dieser Richtung ist eine gleichmäßig verzögerte. Die Verzögerung g ist die der Bewegung entgegengerichtete (negative) Beschleunigung.

Im höchsten Punkte der Bahn ist

$$v_2 = c \cdot \sin\alpha - g \cdot t = 0\,.$$

Der Körper hat dann in der senkrechten Richtung augenblicklich keine Bewegung.

Hinter dem höchsten Bahnpunkte führt der Körper in der senkrechten Richtung eine nach abwärts gerichtete, gleichmäßig beschleunigte Bewegung aus. Die Schwerkraft wirkt nach der Richtung der senkrechten Seitengeschwindigkeit.

Beispiel. Eine Gewehrkugel hat die Anfangsgeschwindigkeit

$$c = 600 \text{ m/sk},$$

$\alpha = 20°$. Nach $t = 5$ sk,

$$c \cdot \cos\alpha = 600 \cdot 0,940 = 564 \text{ m/sk},$$
$$c \cdot \sin\alpha - g \cdot t = 600 \cdot 0,342 - 9,81 \cdot 5$$
$$= 156,15 \text{ m/sk}.$$

4. Bewegung auf geneigter Bahn.

Ohne Berücksichtigung der Reibung (Fig. 147).

Auf der schiefen Ebene abwärts treibt die Kraft

$$G \cdot \sin\alpha.$$

Da

$$G = m \cdot g,$$

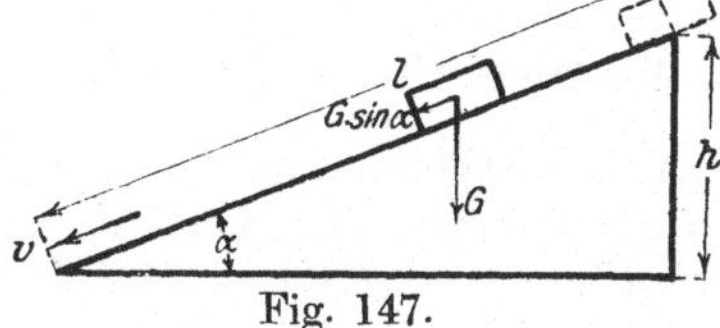

Fig. 147.

so ist

$$G \cdot \sin\alpha = m \cdot g \sin\alpha.$$

Aus der Endgeschwindigkeit bei dem freien Falle

$$v = \sqrt{2 g \cdot h}$$

ergibt sich hier die Endgeschwindigkeit am Fuße der schiefen Ebene

$$v' = \sqrt{2 p \cdot l},$$
$$p = g \cdot \sin\alpha,$$
$$l = \frac{h}{\sin\alpha},$$
$$v' = \sqrt{2 g \cdot \sin\alpha \cdot \frac{h}{\sin\alpha}},$$
$$v' = \sqrt{2 g \cdot h} = v.$$

Die Endgeschwindigkeit ist die gleiche, wenn der Körper die Höhe h durchfällt, oder wenn er auf der schiefen Ebene abwärts gleitet.

Bewegung auf beliebiger Bahn.

Der Neigungswinkel α kommt in der Schlußformel nicht vor, ist also für die Größe von v gleichgültig. Letztere wird also auch erreicht, wenn der Körper auf einer beliebigen anderen Bahn sich

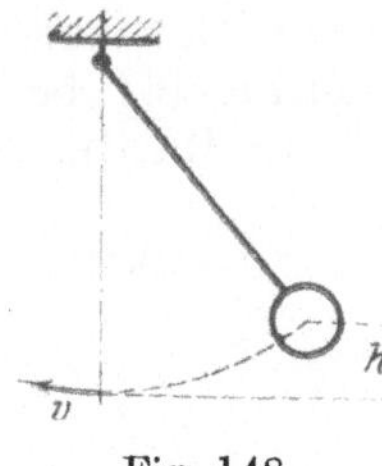

Fig. 148.

um h senkt, also z. B. auf einer Kreisbahn, wie das Gewicht eines Pendels nach Fig. 148.

Auf einer krummen Bahn kann ein Körper sich nur dann bewegen, wenn er durch eine Kraft (bei dem Pendel durch die Zugkraft in der Pendelstange) ständig aus seiner augenblicklichen Richtung abgelenkt wird.

5. Mechanische Arbeit.

Benennung: mkg oder kgm.

Bewegt sich eine Kraft P in der Kraftrichtung um den Weg s, so leistet sie hierbei die mechanische Arbeit

$$A = P \cdot s.$$

Mechanische Arbeit $=$ Kraft $\times$ Weg in der Kraftrichtung.

Diese Arbeit kann man zeichnerisch darstellen durch eine Fläche, bei gleichbleibender Kraft durch ein Rechteck (Diagramm) von der Grundlinie s und der Höhe P.

Beispiel. 2 cbm $=$ 2000 kg Wasser, die von 8 m Gefälle herabstürzen, leisten hierdurch die mechanische Arbeit

$$A = 2000 \cdot 8 = 16\,000 \text{ mkg.}$$

Beispiel. (Fig. 149.) In dem Pumpendiagramm stellt die Abszisse s den Kolbenhub vor. Die Linie $A-A$ ist die atmosphärische Linie. Die Ordinaten h_s und h_d bezeichnen die Kolbendrücke für 1 qcm Kolbenfläche oder anders gemessen geometrische Saughöhe (Höhenunterschied vom höchsten Punkt des Pumpenkörpers, dem Druckventil, bis zum Unterwasserspiegel) und die geometrische Druckhöhe (senkrechte Entfernung vom Druckventil bis zum Oberwasserspiegel). h_s und h_d sind gemessen in m WS (Meter Wasser-Säule) und hier meßbar in kg/qcm oder at (Atmosphären) 1 at $=$ 10 m WS. Angenommen sei, die Pumpe habe 6 m hoch zu saugen und 40 m hoch zu drücken. Der Kolbenhub sei $s =$ 100 mm. Der Kolben ist einfach wirkend. Die Widerstände seien zunächst vernachlässigt. Bei dem Saughub ist der Gegendruck auf je 1 qcm Kolbenfläche 0,6 kg/qcm $=$ 0,6 at.

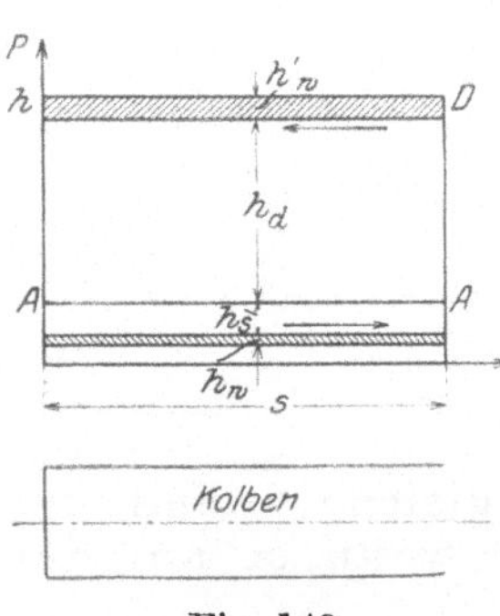

Fig. 149.

Die Saugarbeit für je 1 qcm Kolbenfläche für den Hingang des Kolbens ist dann

$$h_s \cdot s = 0,6\,\text{kg} \cdot 0,1\,\text{m} = 0,06\,\text{mkg}.$$

Die entsprechende Druckarbeit bei dem Rückgang des Kolbens für je 1 qcm Kolbenfläche ist

$$h_d \cdot s = 4\,\text{kg} \cdot 0,1\,\text{m} = 0,4\,\text{mkg}.$$

Beide Arbeiten sind tatsächlich größer, weil die Pumpe in den Rohrleitungen Widerstände zu überwinden hat. Die wirklich zu leistende Pumpenarbeit ist so groß, als ob Saughöhe und Druckhöhe größer als h_s und h_d wären. Die Zuschläge h_w und h'_w bezeichnen die sog. Widerstandshöhe[1]). **Die ganze Rechtecksfläche stellt also die gesamte Pumpenarbeit für je 1 qcm Kolbenfläche bei einem Doppelhub dar.**

Annahme: Diagramm-Länge = Kolbenhub,

$$\qquad\qquad 10\,\text{mm Höhe} \quad = 1\,\text{at},$$

dann sind

$$10\,000\ \text{qmm} = 1\,\text{mkg Pumpenarbeit je qcm Kolbenfläche.}$$

Mechanische Arbeit wird nicht erzeugt und verschwindet auch nicht[2]). Es findet vielmehr stets nur eine Umwandlung einer Arbeitsform in eine andere statt.

Ein auf eine Höhe h gehobenes Gewicht Q hat infolgedessen die Arbeitsfähigkeit (Energie der Lage) bei dem Herunterfallen von dieser Höhe die Arbeit $Q \cdot h$ zu leisten. Die gleiche Arbeit ist aber vorher aufgewandt worden, um das Gewicht z. B.

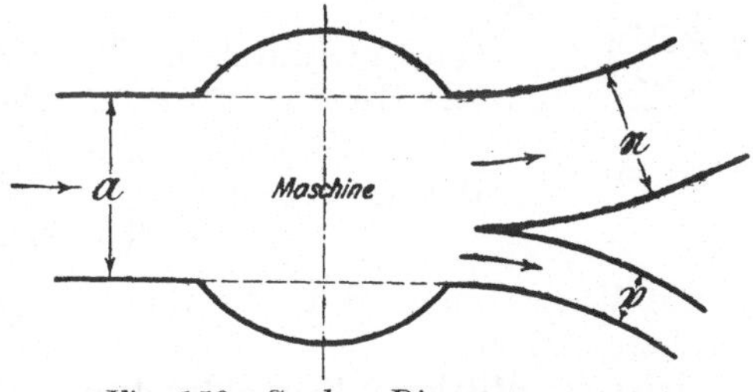

Fig. 150. Sankey-Diagramm.

die Triebgewichte einer Uhr zu heben. Ebenso hat eine gespannte Feder die Fähigkeit, eine bestimmte Arbeit zu leisten, die aber vorher bei der Spannung der Feder auf diese übertragen ist.

In jeder, auch leer laufenden Maschine wird durch Überwindung der Widerstände: Reibung, Luftwiderstand usw. mechanische Arbeit geleistet. Ohne Einleitung von Antriebsarbeit ist die dauernde Leistung von Arbeit nicht möglich: ein Perpetuum mobile gibt es nicht.

Die an einer Maschine aufgewandte mechanische Arbeit entspricht nach Fig. 150 einem Strom, der in einer bestimmten Zeit $\mathfrak{A}$

---

[1]) Siehe V, B. 2.
[2]) Siehe Erhaltung der Energie IV, 11.

mkg der Maschine zuführt. Von dieser Arbeitsmenge verschwindet nichts. Wohl aber wird in der gleichen Zeit nur ein
Teil $\mathfrak{N}$ mkg zu einem beabsichtigten nützlichen Zweck, z. B. zum
Heben einer Last benutzt: Nutzarbeit oder geleistete Arbeit, während
ein anderer Teil von $\mathfrak{V}$ mkg zu der Überwindung der unvermeidlich
in der Maschine vorhandenen Widerstände verbraucht wird: Verlustarbeit.

Aufgewandte Arbeit = Nutzarbeit + Verlustarbeit.

$$\mathfrak{A} = \mathfrak{N} + \mathfrak{V}.$$

Das Verhältnis

$$\frac{\text{Nutzarbeit}}{\text{Aufgewandte Arbeit}} = \frac{\mathfrak{N}}{\mathfrak{A}} = \eta$$

heißt der mechanische Wirkungsgrad einer Maschine.
Stets ist

$$\eta < 1.$$

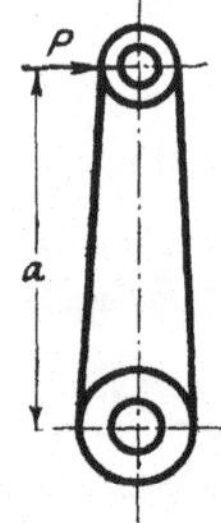

Fig. 151.　Die stets senkrecht zur Kurbel wirkende
Kraft P hat bei einer Umdrehung der Kurbel auf diese
die mechanische Arbeit

$$\mathfrak{A} = P \cdot 2\,a\,\pi$$

übertragen.

Wird hierdurch in der gleichen Zeit ein Gewicht Q
um die Höhe gehoben, so entspricht das der Nutzarbeit:

$$\mathfrak{N} = Q \cdot h.$$

Fig. 151.　Der Unterschied

$$\mathfrak{A} - \mathfrak{N} = \mathfrak{V}$$

ist die Verlustarbeit, d. h. die für den geplanten Zweck nicht aus-
nützbare Arbeit.

Beispiel. Mittlerer Kurbeldruck eines Mannes $P = 10$ kg; Arm
der Handkurbel $a = 400$ mm. Bei einer Umdrehung auf die Kurbel
übertragene Arbeit:

$$\mathfrak{A} = 10 \cdot 2 \cdot 0{,}4 \cdot \pi = 25{,}13 \text{ mkg}.$$

Werden hierdurch 100 kg um 0,2 m gehoben, so beträgt die
Nutzarbeit:

$$\mathfrak{N} = 20 \text{ mkg}.$$

Dann ist die Verlustarbeit:

$$\mathfrak{V} = 5{,}13 \text{ mkg}.$$

Der mechanische Wirkungsgrad ist:

$$\eta = \frac{20}{25{,}13} = \sim 0{,}8.$$

Selbsthemmung.

K ist die Kraft (Fig. 80b, S. 47), welche am Hebelarm a die Schraube unter der Last Q dreht. (Heben der mit Q belasteten Spindel in der Mutter.)

Damit die Last um eine Ganghöhe gehoben wird, muß die Schraubenspindel einmal herumgedreht werden. Fig. 152a. Dann ist die Antriebsarbeit

$$\mathfrak{A} = K \cdot 2\,a \cdot \pi = P \cdot 2\,r \cdot \pi = \mathfrak{N} + \mathfrak{V},$$

die Nutzarbeit

$$\mathfrak{N} = Q \cdot h.$$

Die Verlustarbeit ist:

$$\mathfrak{V} = (P \cdot \sin\alpha + Q \cdot \cos\alpha)\,\mu \cdot l.$$

Die erforderliche Antriebsarbeit ist so groß, als wenn die Schraube zwar keine Reibungswiderstände, statt deren aber für α den größeren Steigungswinkel $\alpha + \varrho$ und statt h die Steigung h' besäße.

In dem Beispiel von S. 49 ist $K = 25$ kg, $a = 1$ m, $Q = 6000$ kg, $h = 10{,}6$ mm. Also ist die Antriebsarbeit nach Fig. 151:

$$\mathfrak{A} = K \cdot 2\,a\,\pi = 25 \cdot 6{,}28 = 157 \text{ mkg},$$

die Nutzarbeit

$$\mathfrak{N} = Q \cdot h = 6000 \cdot 0{,}0106 = 63{,}6 \text{ mkg},$$

die Verlustarbeit

$$\mathfrak{V} = 93{,}4 \text{ mkg},$$

der mechanische Wirkungsgrad

$$\eta = \frac{\mathfrak{N}}{\mathfrak{A}} = \frac{63{,}6}{157} = \sim 0{,}4.$$

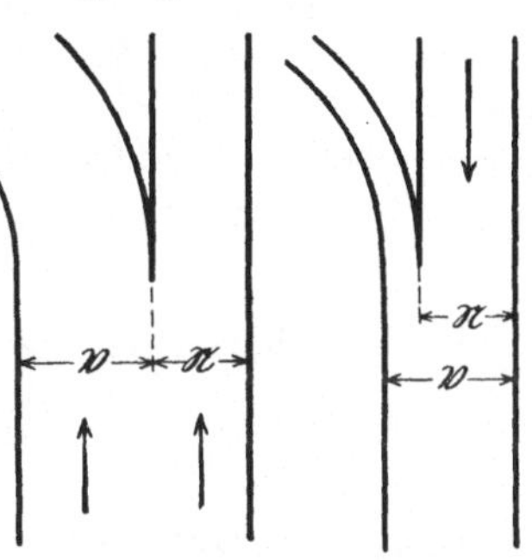

Fig. 152 a.   Fig. 152 b.

Fig. 152b. Bei dem Sinken der Last um eine Steigung würde die Last die Nutzarbeit von 63,6 mkg leisten. Die Kraft, welche die Last wagerecht gegen die schiefe Ebene anpreßt, ist $P = 0$, wenn der Hebeldruck $K = 0$ angenommen wird. Die zu überwindende Reibungsarbeit wäre dann

$$\mathfrak{V} = \mu \cdot l \cdot Q \cos\alpha,$$

hier

$$\mathfrak{V} = \sim 92 \text{ mkg}.$$

Diese Reibungsarbeit kann durch die sinkende Last nicht geleistet werden, weil

$$\mathfrak{N} < \mathfrak{V},$$
$$\eta < 0{,}5.$$

Diese Schraube mit $\alpha < \varrho$ besitzt Selbsthemmung. Die Last bleibt in jeder Lage in der Schwebe. Eine Maschine mit einem

Wirkungsgrade $\eta < 0,5$ kann nicht von der Seite der Last aus angetrieben werden.

6. Leistung.

Die auf 1 sk bezogene mechanische Arbeit heißt Leistung oder Effekt. Die Leistung der Maschinen wird gemessen in Pferdestärken (PS).

$$1\ \text{PS.} = 75\ \text{mkg/sk.}$$

Die Anzahl der auf eine Maschine übertragenen PS ist:

$$N = \frac{P \cdot v}{75}.$$

Es bedeuten:
P die wirksame Kraft,
v die Geschwindigkeit der Kraft.

Beispiel. Eine Handkurbel (Fig. 5) $a = 400$ mm wird durch die Kurbelkraft $P = 10$ kg mit $n = 30$ Umdrehungen in der Minute angetrieben. Die auf die Kurbel übertragene Leistung ist dann

$$\frac{P \cdot 2\,a \cdot \pi \cdot n}{60} = \sim 12,57 \ \text{mkg/sk.}$$

Die Anzahl der auf die Maschine übertragenen Pferdestärken ist:

$$N = \frac{P \cdot 2\,a \cdot \pi \cdot n}{60 \cdot 75} = 0,167 \ \text{PS.}$$

Beispiel. Eine Riemscheibe vom Durchmesser $D = 400$ mm läuft mit $n = 300$ minutlichen Umgängen. Die Umfangsgeschwindigkeit ist $v = 6,28$ m/sk. Es sollen $N = 5$ PS übertragen werden. Dann ist die zu übertragende Umfangskraft:

$$P = \frac{N \cdot 75}{v} = \frac{5 \cdot 75}{6,28} = \sim 60 \ \text{kg.}$$

Der größte Riemenzug ist:

$$S_1 = \sim 2\,P = 120 \ \text{kg.}$$

Indizierte Leistung.

In dem Diagramm (Fig. 153) einer Dampfmaschine stellt die Länge s der Abszissenachse den Kolbenhub in einem gewählten Längenmaßstab dar. Die Ordinaten bedeuten im Kraftmaßstab die Dampfdrücke in at, d. h. in kg/qcm. Unter den Diagrammen sind Kolben und Zylinder schematisch angedeutet. Nach der Linie I verlaufen die Dampfdrücke hinter dem Kolben nach der Linie II die Gegendrücke vor dem Kolben. Die Unterschiede zweier zu derselben Kolbenstellung gehörigen Ordinaten geben also den in dieser Stellung den Kolben treibenden Überdruck in at. Am Hubende überwiegen demnach die Gegendrücke. In dem unteren Diagramm ist die Kurve *II* herumgeklappt, so daß eine in sich geschlossene Kurve entsteht. Die Diagrammfläche ist ferner umgewandelt in ein flächengleiches Rechteck. Die Höhe p_m dieses Rechtecks bedeutet dann im Kraftmaßstabe gemessen den mittleren Überdruck in at. Die Diagrammfläche stellt die auf 1 qcm Kolbenfläche bei einem Hub vom Dampf übertragene Arbeit dar. Hieraus folgt die indizierte, d. h. die vom Indikator angegebene Maschinenleistung in PS

$$N_i = \frac{p_m \cdot F \cdot 2\,s\,n}{60 \cdot 75}.$$

F ist die Kolbenfläche in qcm, hier der Einfachheit halber auf beiden Seiten gleich angenommen. Der Hub *s* ist in der Formel in *m* gemessen.

Die indizierte Leistung ist also gleich der in 1 sk auf den Kolben übertragenen Arbeit.

Bremsleistung · Bremsdynamometer.

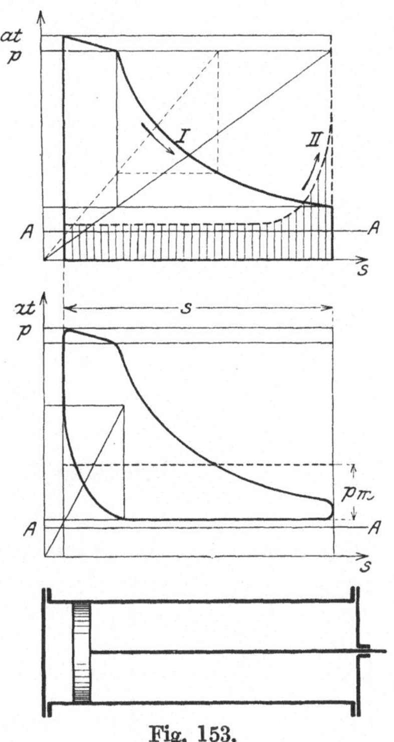
Fig. 153.

Die Bremsleistung ist die an einer Maschinenwelle nach außen abgebbare Leistung. Der in Fig. 154 schematisch angedeutete **Pronysche Zaum** kann zur Messung dienen. Gegen die auf der

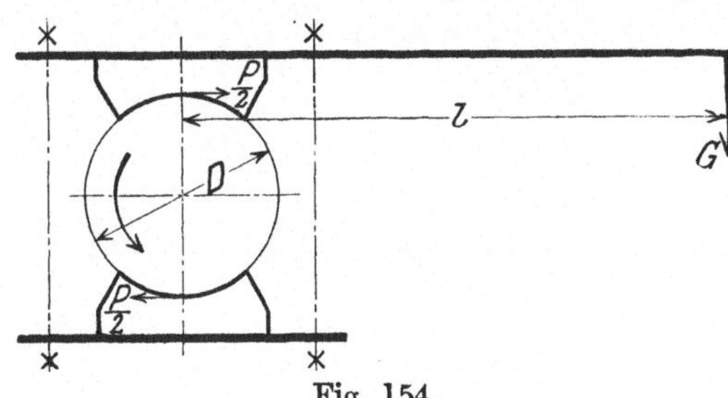
Fig. 154.

Welle aufgekeilte Bremsscheibe werden durch Schrauben 2 Bremsbacken geklemmt. Mit dem oberen Bremsbacken ist ein durch ein
Gewicht G belasteter Hebel verbunden. Das Moment von G ist
in bezug auf die Wellenmitte gleich dem Momente der am Scheiben-
umfang als Reibung wirkenden Umfangskraft P. $D = $ Scheibendurchmesser in m. Die minutliche Umlaufzahl ist n. Allgemein ist

$$N = \frac{P \cdot D \pi \, n}{60 \cdot 75} = \frac{M_d \, n}{716} \, ,$$

$$M_d = G \, l = P \cdot \frac{D}{2} \, ,$$

$$N = \frac{G \cdot l \cdot n}{716} \, .$$

Beispiel. $G = 40$ kg; $l = 1{,}5$ m, $n = 100$

$$N = \frac{40 \cdot 1{,}5 \cdot 100}{716} = \sim 8{,}4 \text{ PS} \, .$$

7. Lebendige Kraft oder Wucht.

a) Bei geradliniger Bewegung.

Ein Körper von der Masse m wird durch die Kraft P auf dem
Wege s beschleunigt, so daß seine Geschwindigkeit in t Sekunden
von c auf v steigt. Beschleunigung p.

Es ist dann

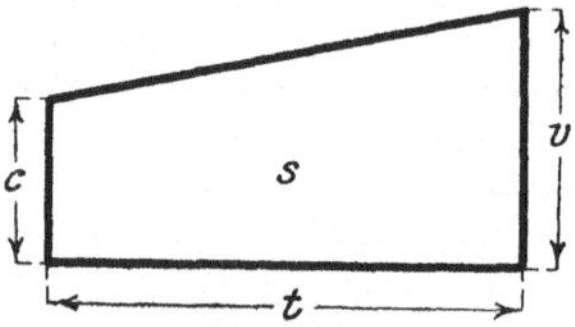

$$P = m \cdot p$$

und

$$s = \frac{v + c}{2} \cdot t \, .$$

Fig. 155.

Also ist die hierbei von der Kraft geleistete (Beschleunigungs-) Arbeit:

$$A = P \cdot s = m \cdot p \cdot \frac{v + c}{2} \cdot t \, ,$$

$$p = \frac{v - c}{t} \, ,$$

$$P \cdot s = m \cdot \frac{v - c}{t} \cdot \frac{v + c}{2} \cdot t \, ,$$

$$\boldsymbol{P \cdot s = \frac{m}{2} \cdot (v^2 - c^2) \, .}$$

Das Produkt:

$$\frac{m \cdot c^2}{2}$$

heißt die lebendige Kraft am Anfang.

Benennung:

$$\frac{\mathrm{kg} \cdot \mathrm{sk}^2}{\mathrm{m}} \cdot \frac{\mathrm{m}^2}{\mathrm{sk}^2} = \mathrm{mkg}.$$

Das Produkt:

$$\frac{m \cdot v^2}{2}$$

heißt die lebendige Kraft am Ende der betrachteten Zeit.

Die lebendige Kraft oder Wucht eines mit der Geschwindigkeit v bewegten Körpers ist diejenige mechanische Arbeit, die notwendig ist, um den Körper aus der Ruhelage auf die Geschwindigkeit v zu bringen.

Die Zunahme der lebendigen Kraft eines bewegten Körpers ist gleich der von der Beschleunigungskraft auf den Körper übertragenen mechanischen Arbeit.

Im umgekehrten Falle bei der Verzögerung eines bewegten Körpers durch einen Widerstand überträgt der Körper in seiner Bewegungsrichtung eine Kraft und leistet daher eine Arbeit:

Die Abnahme der lebendigen Kraft eines bewegten Körpers ist gleich der durch Überwindung eines Widerstandes geleisteten mechanischen Arbeit.

Jeder bewegte Körper besitzt demnach ein Arbeitsvermögen (Energie), welches gleich ist seiner lebendigen Kraft.

Beispiel. Ein Eisenbahnzug vom Gesamtgewicht $Q = 250\,000$ kg, also einer Masse $m = \sim 25\,000$, besitzt die Geschwindigkeit $V_1 = 72\,\mathrm{km/st}$, d. h. $v_1 = 20$ m/sk. Die lebendige Kraft des Zuges ist:

$$\frac{m \cdot v_1^{\,2}}{2} = \frac{25\,000 \cdot 400}{2} = 5\,000\,000 \ \mathrm{mkg}.$$

Wird die Geschwindigkeit des Zuges bis auf $V_2 = 90$ km/st, d. h. $v_2 = 25$ m/sk gesteigert, so ist die zu dem Zweck aufzuwendende Arbeit:

$$A = \frac{m \cdot v_2^2}{2} - \frac{m \cdot v_1^2}{2} = 7\,800\,000 - 5\,000\,000 = 2\,800\,000 \ \mathrm{mkg}.$$

Beispiel. Ein Förderkorb vom Gewicht $Q = 3000$ kg; $m = \sim 300$ wird in 10 sk auf die Geschwindigkeit $v = 12$ m/sk gebracht. Die aufzuwendende Beschleunigungsarbeit ist:

$$A_1 = \frac{m \cdot v^2}{2} = \sim \frac{300 \cdot 144}{2} = 21\,600 \ \mathrm{mkg}.$$

Der während der Beschleunigungsperiode zurückgelegte Weg ist:

$$s = \frac{p \cdot t^2}{2} = \frac{1,2 \cdot 10^2}{2},$$

$$s = 60 \text{ m}.$$

Die während der Beschleunigungsperiode geleistete Hubarbeit ist:

$$A_2 = Q \cdot s = 3000 \cdot 60,$$

$$A_2 = 180\,000 \text{ mkg}.$$

Also ist die in dieser Zeit geleistete Gesamtarbeit:

$$A_1 + A_2 = 201\,600 \text{ mkg}.$$

Beispiel. Einer Turbine fließen pro Minute 2 cbm Wasser mit der Geschwindigkeit $c_1 = 10$ m/sk zu. Die Austrittsgeschwindigkeit ist $c_2 = 3$ m/sk. Die in 1 Minute an das Laufrad abgegebene Arbeit ist ($g = 10$ m/sk^2):

$$A = \frac{200 \cdot 100}{2} - \frac{200}{2} \cdot 9 = 9100 \text{ mkg}.$$

Der Wirkungsgrad ist:

$$\eta = \frac{9100}{10\,000} = 0,91.$$

b) Bei Drehbewegung.

Eine kleine Kugel (Punkt) (Fig. 156) von der Masse m dreht sich um den Punkt O mit der Geschwindigkeit v. Sie besitzt daher die lebendige Kraft:

$$L = \frac{m \cdot v^2}{2},$$

da

$$v = r \cdot \omega,$$

so ist

$$L = \frac{m \cdot r^2 \cdot \omega^2}{2},$$

$$L = \frac{J \cdot \omega^2}{2}.$$

$$\boldsymbol{J = m \cdot r^2}$$

heißt das Trägheitsmoment der kleinen Kugel in bezug auf die Drehachse O. r **ist in m zu messen!**

Ebenso besitzt ein Drahtring Fig. 157 vom Halbmesser r und der Masse m bei der Winkelgeschwindigkeit ω die lebendige Kraft

$$L = \frac{m \cdot r^2 \cdot \omega^2}{2}.$$

Fig. 158. Eine volle Scheibe, z. B. eine Schleifscheibe, kann aus einzelnen Ringen von verschiedenen Massen, m_1, m_2, m_3 usw., und von verschiedenen Halbmessern, r_1, r_2, r_3 usw., zusammengesetzt gedacht werden. Die lebendigen Kräfte der einzelnen Ringe sind dann:

$$1.\ L_1 = \frac{m_1 \cdot r_1{}^2 \cdot \omega^2}{2},$$

$$2.\ L_2 = \frac{m_2 \cdot r_2{}^2 \cdot \omega^2}{2},$$

$$3.\ L_3 = \frac{m_3 \cdot r_3{}^2 \cdot \omega^2}{2}$$

usw.

Fig. 156.

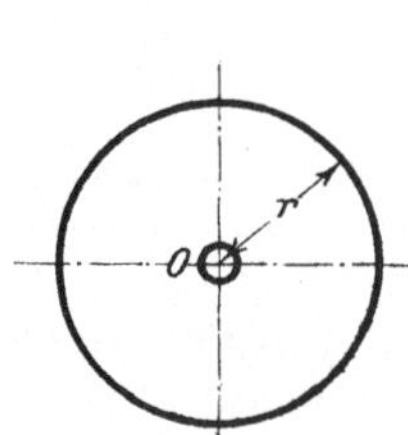

Fig. 157.

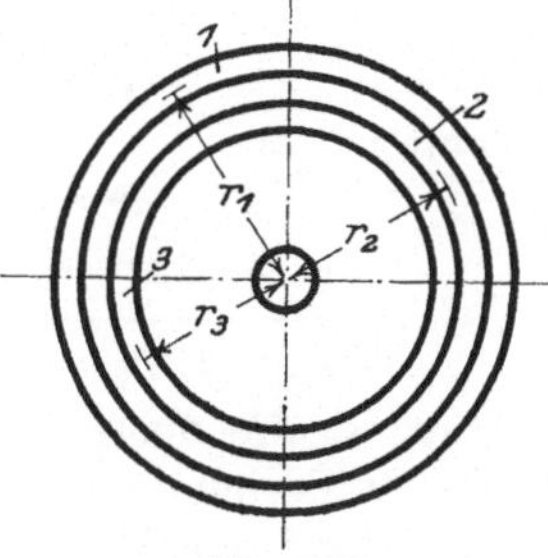

Fig. 158.

Die lebendige Kraft der ganzen Scheibe ist demnach gleich der Summe der lebendigen Kräfte der einzelnen, die Scheibe bildenden Ringe:

$$L = L_1 + L_2 + L_3 + \cdots$$
$$= (m_1 \cdot r_1{}^2 + m_2 \cdot r_2{}^2 + m_3 \cdot r_3{}^2 + \cdots) \cdot \frac{\omega^2}{2}.$$

Der in der Klammer stehende Wert heißt das **körperliche Trägheitsmoment** oder **Massenträgheitsmoment** J_k der Scheibe. Also ist

$$L = J_k \cdot \frac{\omega^2}{2}.$$

Benennung des körperlichen Trägheitsmomentes:

$$\frac{\text{kg}}{m} \cdot \text{sk}^2 \cdot m^2 = \text{kg} \cdot m \cdot \text{sk}^2.$$

8. Massen-Trägheitsmomente.

1. Massenträgheitsmoment eines dünnen Kreisringes (Fig. 157):

$$J_k = M \cdot r^2.$$

2. Massenträgheitsmoment einer Scheibe (Fig. 158 und 159), bezogen auf die Schwerachse O.

Die ganze Scheibe ist entsprechend Fig. 158 in sehr viele kleine Ringe zerlegt gedacht. Der innere Halbmesser eines Ringes sei x seine Breite Δx, die Masse des Ringes ΔM. Dann ist das Massenträgheitsmoment des Ringes

$$i_k = x^2\,\Delta M\,.$$

Wenn m die auf der Flächeneinheit des Ringes vereinigte Masse ist, dann gilt:

$$\Delta M = m \cdot 2\,x\,\pi\,\Delta x\,.$$

Das Trägheitsmoment der Scheibe ist

$$J_k = \sum i_k = \sum x^2\,m \cdot 2\,x\,\pi\,\Delta x\,,$$
$$J_k = 2\,\pi\,m \sum x^3\,\Delta x\,.$$

Nun ist aber

$$x^4 = x^4\,,$$
$$(x + \Delta x)^4 = x^4 + 4\,x^3\,\Delta x + 6\,x^2\,(\Delta x)^2 + \cdots$$

$$\overline{\qquad\qquad\qquad\qquad\qquad\qquad\qquad\qquad}$$

$$\Delta(x^4) = 4\,x^3\,\Delta x\,.$$

Hier ist die obere Gleichung von der unteren abgezogen. $\Delta(x^4)$ ist die Zunahme von x^4, wenn x um Δx wächst. Die Glieder, welche $(\Delta x)^2$, $(\Delta x)^3$ usw. enthalten, sind, weil sehr klein, vernachlässigt:

$$\sum \Delta(x^4) = x^4\,,$$

d. h. die Summe aller Teile ist gleich dem Ganzen.

Also:

$$x^4 = 4 \sum x^3\,\Delta x\,,$$
$$\frac{x^4}{4} = \sum x^3\,\Delta x\,,$$
$$\frac{r^4}{4} = \sum_{x=0}^{x=r} x^3\,\Delta x\,,$$

d. h. x wächst von 0 bis r.

Es folgt:

$$J_k = 2\,\pi\,m\,\frac{r^4}{4} = r^2\,\pi\,m \cdot \frac{r^2}{2}\,,$$

$$r^2\,\pi\,m = M$$

ist die Masse der ganzen Scheibe.

$$J_k = \frac{M \cdot r^2}{2}\,,$$

$$M = \frac{V \cdot \gamma}{g}$$

hierin bedeutet:

r den Halbmesser des Zylinders in Metern,

V das Volumen des Vollzylinders in m^3.

γ das spezifische Gewicht des Vollzylinders,

$g = 9{,}81$ m/sk² die Beschleunigung des freien Falles.

3. Massenträgheitsmoment eines dicken Schwungringes (Fig. 160) von rechteckigem Querschnitt:

$$J_k = \tfrac{1}{2}\,(M_1 \cdot R^2 - M_2 \cdot r^2)\,.$$

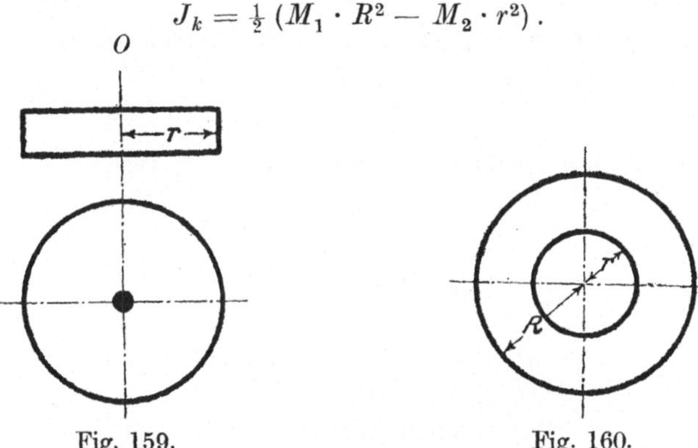

Fig. 159.   Fig. 160.

Hierin bedeutet M_1 die Masse der Vollscheibe vom Halbmesser R und M_2 die Masse der herausgeschnittenen Vollscheibe vom Halbmesser r. R und r in Metern.

4. **Massenträgheitsmoment einer Stange (eines Radarmes) in bezug auf die durch einen Endpunkt gehende Drehachse:** Die auf der Längeneinheit der Stange vereinigte Masse ist m. Dann ist auf dem kleinen Stück von der Länge $\varDelta x$ die Masse $m\,\varDelta x$. Deren Massenträgheitsmoment in bezug auf die durch einen Endpunkt gehende Achse

Fig. 161.

$$i_k = x^2 \cdot m\,\varDelta x\,.$$

Also das Massenträgheitsmoment der ganzen Stange:

$$J_k = \sum i_k = m \sum_{x=0}^{x=l} x^2\,\varDelta x\,.$$

Es ist

$$x^3 = x^3\,,$$

$$(x + \varDelta x)^3 = x^3 + 3\,x^2\,\varDelta x + 3\,x\,(\varDelta x)^2 + (\varDelta x)^3\,.$$

Die erste Gleichung von der ersten abgezogen und die Glieder mit den höheren Potenzen von $\varDelta x$ als sehr klein vernachlässigt:

$$\varDelta(x^3) = 3\,x^2\,\varDelta x\,,$$

$\varDelta(x^3) = \infty$ Zunahme eines Würfelvolumens, wenn dessen Kante um $\varDelta x$ wächst.

$$\sum \varDelta(x^3) = x^3 = 3 \sum x^2 \varDelta x,$$

$$\frac{x^3}{3} = \sum x^2 \varDelta x,$$

$$\frac{l^3}{3} = \sum_{x=0}^{x=l} x^2 \varDelta x,$$

wenn x von 0 bis l wächst, also gültig für die ganze Stange

$$J_k = m\, \frac{l^3}{3}.$$

Die Masse der ganzen Stange ist:

$$M = m\, l.$$

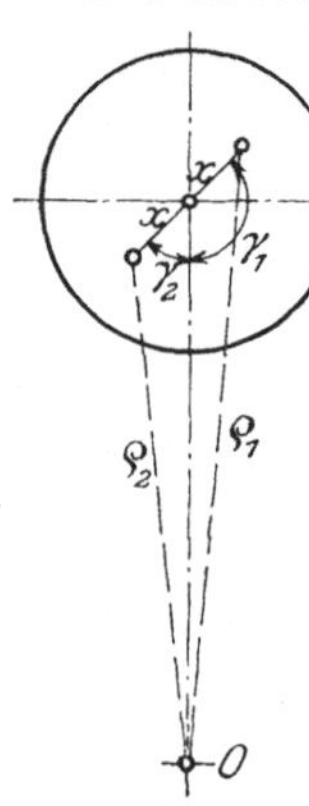

$$J_k = \frac{M\, l^2}{3}.$$

M ist die Masse der Stange,
l „ „ Länge in Meter.

5. **Massenträgheitsmoment eines Zylinders bezogen auf eine im Abstande e zu der Schwerachse parallele Achse O (Fig. 162):**
Es sind 2 in der gleichen Entfernung x von der Zylinderachse einander gegenüberliegende gleiche Massenteilchen $\varDelta m$ herausgegriffen. Die entsprechenden Massenträgheitsmomente in bezug auf die Achse O sind:

Fig. 162.

$$i_1'' = \varrho_1{}^2\, \varDelta m,$$
$$i_2'' = \varrho_2{}^2\, \varDelta m,$$
$$i_1'' + i_2'' = (\varrho_1{}^2 + \varrho_2{}^2)\, \varDelta m$$

nach dem Cosinus-Satz ist

$$\varrho_1{}^2 = e^2 + x^2 - 2\,e\,x \cos\gamma_1,$$
$$\varrho_2{}^2 = e^2 + x^2 - 2\,e\,x \cos\gamma_2,$$

$$\varrho_1{}^2 + \varrho_2{}^2 = 2\,(e^2 + x^2)$$

$$\cos\gamma_1 = -\cos\gamma_2.$$

Also

$$i_2'' + i_2'' = (e^2 + x^2) \cdot 2\,\varDelta m$$

und für den ganzen Zylinder

$$\sum i_1'' + i_2'' = \sum (e^2 + x^2)\, 2\,\varDelta m,$$
$$J_k' = e^2 \sum 2\,\varDelta m + \sum x^2 \cdot 2\,\varDelta m.$$

Die ganze Scheibe ist aus je 2 sich paarweise entsprechenden Massenteilchen aufgebaut zu denken. Dann ist $\sum 2\,\varDelta M = M =$ der Masse der ganzen Scheibe. $\sum x^2\,2\,\varDelta M = J_k$ ist das Massenträgheitsmoment, bezogen auf die eigene Schwerachse.

Das Massenträgheitsmoment des Zylinders in bezug auf die Achse A ist:

$$J_k' = e^2\,M + J_k\,.$$

Das Massenträgheitsmoment eines Lokomotivkessels in bezug auf eine zwischen den Federn liegende Schwingungsachse ist um so größer, je größer e. Je höher der Kessel liegt, um so schwerer wird er durch Stöße der Lokomotive gegen die Schienen in Querschwingungen versetzt werden.

6. **Massenträgheitsmoment eines Schwungrades:**

$$J = J_1 + n \cdot J_2 + J_3\,.$$

Es bedeutet:

J_1 das Trägheitsmoment des Schwungringes,
$n \cdot J_2$ „   „   sämtlicher Arme
J_3 „   „   der Nabe.

Die lebendige Kraft des umlaufenden Schwungrades, d. h. die in ihm aufgespeicherte Energie ist:

$$L = (J_1 + n \cdot J_2 + J_3) \cdot \frac{\omega^2}{2}\,.$$

Beispiel. Ein Schwungrad nach Fig. 163 hat das **Kranzgewicht**[1] $Q_1 = 2280$ kg. Die Masse des Kranzes ist $M_1 = \dfrac{2280}{9{,}81} = 232$. Der Schwerpunkt des Kranzquerschnittes ist um $R = 1{,}01$ m von der Radmitte entfernt. Die ganze Masse des Kranzes kann man sich also auf einer Kreislinie vom Halbmesser R vereinigt denken. Daher ist das Trägheitsmoment des Kranzes:

$$J_1 = M_1 \cdot R^2 = 232 \cdot 1{,}01^2 = 237\,.$$

Der Armquerschnitt ist elliptisch und hat die durch Fig. 163 b angegebene mittlere Größe.

$$F = \pi \cdot a \cdot b\,,$$
$$a = 100 \text{ mm},$$
$$b = 50 \text{ mm},$$
$$F = 157 \text{ qcm}.$$

Die Armlänge ist

$$l = 900 - 200 = 700 \text{ mm} = 0{,}7 \text{ m}.$$

---

[1] Berechnung des Kranzgewichtes siehe Guldinsche Regel S. **36**.

Das Volumen eines Armes ist bei dessen bis zu der Achse gedachten Verlängerung:

$$V = 1{,}57 \cdot 9 = 14{,}1 \text{ cbdm.}$$

Die Masse dieses verlängert gedachten Armes ist:

$$m_1 = \frac{14{,}1 \cdot 7{,}2}{9{,}81} = 10{,}3 \,.$$

Dessen Trägheitsmoment ist:

$$i_1 = \frac{m_1 \cdot L^2}{3} = \frac{10{,}3 \cdot 0{,}9^2}{3} = 2{,}78 \,,$$

$$L = 0{,}9 \text{ m.}$$

Die Masse des durch die Nabe abgeschnittenen innersten Armstückes ist

$$m_2 = \frac{1{,}57 \cdot 2 \cdot 7{,}2}{9{,}81} = 2{,}3 \,,$$

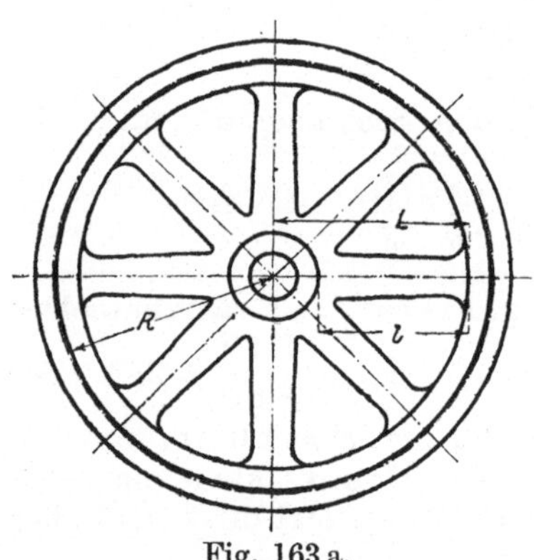

Fig. 163 a.

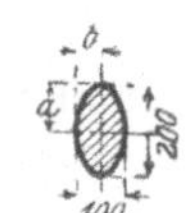

Fig. 163 b.

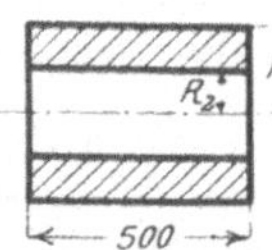

Fig. 163 c.

dessen Trägheitsmoment:

$$i_2 = \frac{m_2 \cdot (L - l)^2}{3} = \frac{2{,}3 \cdot 0{,}04}{3} = 0{,}03 \,,$$

$$L - l = 0{,}2 \text{ m.}$$

Also ist die Masse eines Radarmes

$$m_1 - m_2 = 8$$

und dessen Gewicht

$$Q_2 = 78{,}5 \text{ kg.}$$

Das Gewicht der 8 Arme:

$$8\,Q_2 = 628 \text{ kg.}$$

Das Trägheitsmoment eines Radarmes ist daher:
$$J_2 = i_1 - i_2 = 2{,}78 - 0{,}03 = 2{,}75 \,.$$

Also ist das Trägheitsmoment sämtlicher 8 Arme:
$$8\,J_2 = 22.$$

Nabe (Fig. 163c). Vollzylinder vom Halbmesser:
$$R_1 = 0{,}2 \text{ m},$$

dessen Gewicht:
$$G_1 = 2^2 \cdot \pi \cdot 5 \cdot 7{,}2 = 452 \text{ kg},$$

dessen Masse:
$$m_3 = \sim 46 \,,$$

dessen Trägheitsmoment:
$$i_3 = \frac{m_3 \cdot R^2}{2} = \frac{46 \cdot 0{,}2^2}{2} = 0{,}92 \,.$$

Das Gewicht des durch die Bohrung fortfallenden Nabenteiles ist:
$$G_2 = 1^2 \cdot \pi \cdot 5 \cdot 7{,}2 = 113 \text{ kg},$$

dessen Masse:
$$M_4 = 11{,}5,$$

dessen Trägheitsmoment:
$$i_4 = \frac{11{,}5 \cdot 0{,}1^2}{2} = 0{,}057 \,.$$

Trägheitsmoment der Nabe:
$$J_3 = i_3 - i_4 = 0{,}92 - 0{,}057 = 0{,}863 \,.$$

Das Gewicht der Nabe ist:
$$Q_3 = 452 - 113 = 339 \text{ kg}.$$

Trägheitsmoment des ganzen Schwungrades:
$$J = J_1 + 8\,J_2 + J_3 = 259{,}86 = \sim 260.$$

Das Gewicht des ganzen Schwungrades ist:
$$Q = Q_1 + 8\,Q_2 + Q_3 = 3247 = \sim 3250 \text{ kg}.$$

Wenn das Schwungrad $n = 100$ Umdrehungen in der Minute macht, so ist seine mittlere Winkelgeschwindigkeit:
$$\omega_m = 10{,}472 \,.$$

Die in dem umlaufenden Schwungrade aufgespeicherte Energie ist dann:
$$\mathfrak{L} = \frac{J \cdot \omega^2}{2} = \frac{260 \cdot 10{,}472^2}{2} \,,$$
$$\mathfrak{L} = \sim 14\,250 \text{ mkg}.$$

Die Drehbewegung eines Schwungrades ist aber während jeder
einzelnen Umdrehung nicht gleichförmig. Die größte Winkelgeschwindigkeit ist ω_1, die kleinste Winkelgeschwindigkeit ist ω_2;
dann ist das Verhältnis

$$\frac{\omega_1 - \omega_2}{\omega_m} = \delta$$

der Ungleichförmigkeitsgrad,

z. B. $\omega_1 = 10{,}577$, entsprechend $n_1 = 101$,

d. h. das Schwungrad würde, wenn es mit der Winkelgeschwindigkeit ω_1 dauernd laufen würde, in der Minute 101 Umgänge machen.

$$\omega_2 = 10{,}367, \text{ entsprechend } n_2 = 99,$$

$$\delta = \frac{10{,}577 - 10{,}367}{10{,}472} = \infty \frac{1}{50}.$$

9. Winkelbeschleunigung.

Winkelbeschleunigung ε ist die Zunahme der Winkelgeschwindigkeit in der Zeiteinheit (sk):

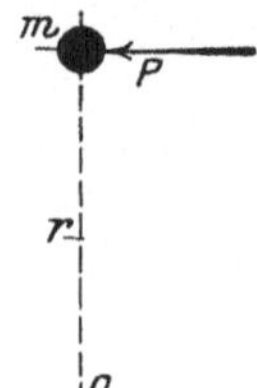

$$\varepsilon = \frac{\omega_2 - \omega_1}{t},$$

ω_1 ist die Winkelgeschwindigkeit am Anfang,
ω_2 ,, ,, ,, ,, Ende,
t ,, ,, betrachtete Zeit.

Benennung der Winkelbeschleunigung: $\dfrac{1}{\mathrm{sk}^2}$.

Fig. 164.

Fig. 164. Eine Kugel von der Masse m ist mit einem
Faden an dem Drehpunkt O befestigt und läuft um
diesen mit der Winkelgeschwindigkeit ω_1 um. Diese
Winkelgeschwindigkeit würde beibehalten werden, der Bewegungszustand würde nicht geändert werden, wenn kein treibendes oder
hemmendes Moment auf die Kugel einwirken würde oder wenn
treibendes und hemmendes Moment sich gegenseitig aufheben würden. Wenn aber während der Bewegung in der Bewegungsrichtung
die Kraft P wirkt, so gilt:

$$P = m \cdot p,$$

d. h. die Kugel erhält die Beschleunigung p. Da nun

$$p = r \cdot \varepsilon,$$

so ist

$$P = m \cdot r \cdot \varepsilon.$$

In bezug auf den Drehpunkt O:

$$P \cdot r = m \cdot r^2 \cdot \varepsilon,$$

$$\mathfrak{M} = i \cdot \varepsilon.$$

Hierin bedeutet $\mathfrak{M}$ das treibende Moment und i das (körperliche) Trägheitsmoment der Kugel in bezug auf den Drehpunkt O.

Treibendes Moment = Trägheitsmoment $\times$ Winkelbeschleunigung.

10. Wirkung der Schwungräder.

Das gleiche, das für eine kleine umlaufende Kugel gilt, hat auch Gültigkeit z. B. für die im Betrieb befindliche Kurbelwelle einer Kraftmaschine. An der Kurbel wirkt treibend das Moment der Schubstangenkraft. Der Drehung widerstehen:

1. das Moment des Riemen- oder Seilzuges, durch den die Arbeit der Maschinen auf die Transmission weitergeleitet wird,
2. das Moment der Zapfenreibung,
3. das Moment des Luftwiderstandes.

Die Größe des treibenden Momentes schwankt während jeder einzelnen Umdrehung, weil

1. die Größe der Kolbenkraft wegen der Expansion sich ändert,
2. die Richtung der Schubstangenkraft sich ändert.

Wären sämtliche hemmende Momente gleich dem treibenden Moment, so würde die einmal in Gang gebrachte Maschine sich gleichförmig weiterdrehen. Wenn aber das treibende Moment $\mathfrak{M}_1$ größer ist als die Summen sämtlicher hemmenden Momente $\mathfrak{M}_2$, so folgt:

$$\mathfrak{M}_1 - \mathfrak{M}_2 = \mathfrak{M}.$$

Dann erfährt die Welle eine Winkelbeschleunigung nach dem Gesetze

$$\mathfrak{M} = J \cdot \varepsilon.$$

(Im umgekehrten Falle erfährt die Welle eine Winkelverzögerung nach demselben Gesetze.)

Also ist die Winkelbeschleunigung:

$$\varepsilon = \frac{\mathfrak{M}}{J}.$$

Für ein bestimmtes Moment $\mathfrak{M}$ ist demnach die Winkelbeschleunigung um so kleiner, je größer das Trägheitsmoment ist. Durch das aufgekeilte Schwungrad wird das Trägheitsmoment der Kurbelwelle sehr stark vergrößert, und zwar um so mehr, je größer der Durchmesser des Schwungrades ist und je größer dessen Gewicht

(Masse) ist. Je mehr also das Trägheitsmoment der Kurbelwelle durch das aufgekeilte Schwungrad vergrößert ist, um so gleichförmiger läuft die Maschine.

Das Schwungrad nimmt zeitweise mechanische Arbeit „auf Vorrat“ auf und gibt danach mechanische Arbeit an die Kurbelwelle ab.

In dem Tangentialdruckdiagramm der Fig. 165 ist als Abszisse der gestreckte Kurbelkreis $\pi s = 2\,r\,\pi$ aufgetragen. Die Summe der Momente aller Widerstände ist auf den Kurbelarm r umgerechnet

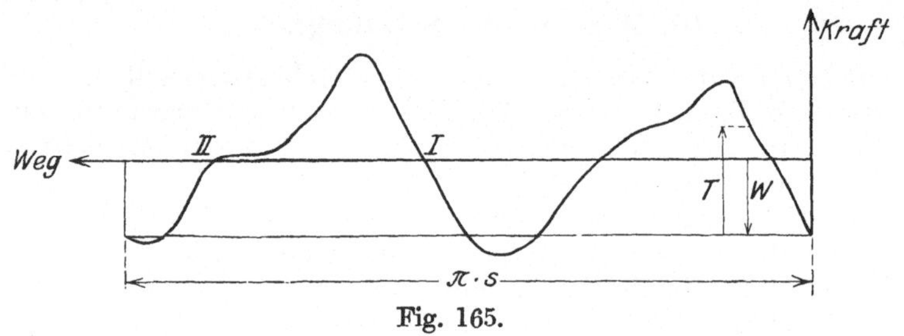

Fig. 165.

und auf 1 qcm Kolbenfläche bezogen. Die Widerstandsordinate, entsprechend einem tangential am Kurbelkreise wirkenden Widerstande ist dann

$$\frac{\mathfrak{M}_2}{r \cdot F} = W\,.$$

Die treibende Tangentialkraft (Komponente der Schubstangenkraft) ist gleichfalls auf 1 qcm Kolbenfläche bezogen also:

$$\frac{K \sin(\alpha + \beta)}{\cos \beta} \cdot \frac{1}{F} = T$$

siehe hierzu auch Fig. 28, S. 17.

K bedeutet die für jede einzelne Kolbenstellung verschiedene Kolbenkraft in kg, F ist die Kolbenfläche in qcm. Das Diagramm bezieht sich auf eine volle Kurbeldrehung.

Wenn die Arbeit an der Kurbelwelle z. B. durch einen Riemen oder Seiltrieb abgenommen wird, so behält der Tangentialwiderstand, der in der Figur nach unten gemessen ist, seine gleiche Größe bei der ganzen Umdrehung. Die treibende Tangentialkraft T für irgendeine Kurbelstellung ist größer als der Tangentialwiderstand W. Dann ist hier der Unterschied $T - W$ die gesamte hier überschüssige, am Kurbelzapfen eine Winkelbeschleunigung der Kurbelwelle hervorrufende Tangentialkraft. Die Beschleunigungsarbeit A, die während der Periode von I bis II, während die Umfangsgeschwindigkeit des

Schwungringes von v_1 auf v_2 und die Winkelgeschwindigkeit von ω_1 auf ω_2 wächst, geleistet wird, beträgt

$$A = \frac{M}{2}\,(v_2^2 - v_1^2)\,,$$

$$= \frac{M}{2}\,[(v_2 + v_1)\cdot(v_2 - v_1)]\,,$$

$$= M\,\frac{v_2 + v_1}{2}\,(v_2 - v_1)\,,$$

$$= M\left(\frac{v_2 + v_1}{2}\right)^2 \frac{v_2 - v_1}{v_2 + v_1}\cdot 2$$

$$\frac{v_1 + v_2}{2} = v_m\,,$$

$$\frac{v_2 - v_1}{v_m} = \delta\,.$$

Es ist angenommen, daß zwischen I und II die größte Änderung der Winkelgeschwindigkeit eintritt.

v_m ist die mittlere Umfangsgeschwindigkeit, δ ist der Ungleichförmigkeitsgrad. M die im Schwungring vereinigte Masse.

$$A = M \cdot v_m^2 \cdot \delta\,,$$
$$v = r \cdot \omega\,,$$
$$A = J \cdot \omega^2 \cdot \delta\,.$$

Da ein freilich weniger wirksamer Teil der Masse in der Nabe und in den Armen untergebracht ist, so braucht der Kranz in Wirklichkeit nur etwa 0,95 M, d. h. nur 95% der oben errechneten Masse zu enthalten.

In dem Beispiel von S. 121 ist das gesamte Trägheitsmoment $J = 260$ mkgsk^2; $\omega_m = 10{,}472$ sk^{-1}; $\delta = \frac{1}{50}$. Mithin ist der als Beschleunigungsarbeit vom Schwungrad hier aufgenommene Arbeitsüberschuß in ∞ dem halben Hube, also in ∞ 0,15 sk

$$A = 260 \cdot 10{,}472^2 \cdot 0{,}02\,,$$
$$A = 570\ \text{mkg}\,.$$

11. Erhaltung der Energie[1]).

Energie ist Arbeitsfähigkeit.

Benennung mkg.

Ein in der Höhe h befindliches Gewicht Q besitzt Energie der Lage, d. h. es kann die Arbeit

$$A = Q \cdot h$$

---

[1]) Mechanische Arbeit S. 108.

leisten dadurch, daß es die Höhe h durchfällt. Durch diese Arbeit wird dem Gewichte lebendige Kraft — Energie der Bewegung — erteilt. Die Endgeschwindigkeit ist:

$$v = \sqrt{2\,g \cdot h}\,.$$

Die Energie des bewegten Gewichtes ist:

$$A = \frac{m \cdot v^2}{2},$$

$$m = \frac{Q}{g},$$

$$\frac{m \cdot v^2}{2} = Q \cdot h\,.$$

Es ist eine Energieform in eine andere umgewandelt worden[1]). Andere Energieformen:

Wärme, gemessen in Wärmeeinheiten (WE). 1 WE ist diejenige Wärmemenge, die notwendig ist, um 1 l Wasser um 1°C zu erwärmen.

$$1\ \text{WE} = 427\ \text{mkg}.$$

Elektrische Energie, gemessen in Wattstunden oder Kilowattstunden.

$$1\ \text{KW} = 1000\ \text{Watt}.$$
$$1\ \text{Watt} = 1\ \text{Volt} \cdot 1\ \text{Amp}.$$
$$736\ \text{Watt} = 1\ \text{PS}.$$

12. Zentralkraft.

Zentrifugalkraft.

Fig. 166. Die um den Mittelpunkt O mit der Umfangsgeschwindigkeit v kreisende Kugel würde, wenn keine Kraft auf sie einwirken würde, nach Ablauf von 1 sk von 1 nach 2 gelangt sein. Damit sie auf der Kreisbahn geführt wird, muß sie nach dem Mittelpunkte hin eine Beschleunigung p erfahren. Der hierbei nach dem Mittelpunkte hin zurückgelegte Weg ist $\frac{p}{2}$

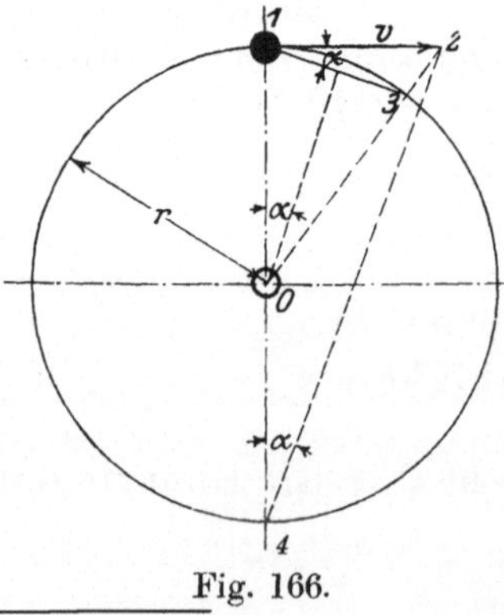

Fig. 166.

(Entfernung $\overline{2{-}3}$). Der Winkel bei 3 ist angenähert ein Rechter und wird als solcher gerechnet. Er ist das um so mehr, je näher 3 an 1 gelegen ist. Ebenso ist die Entfernung $\overline{2{-}4}$ um so genauer $2\,r$, je näher 3 an 1. Das ist um

___
[1]) Pressungsenergie s. Hydraulischer Druck V. B. 6.

so mehr der Fall, je kürzer die Zeit ist, für welche die ganze Be-
trachtung gilt. v ist dann der in dieser sehr kurzen Zeit zurückgelegte Weg. Dann gilt[1]) nach der Ähnlichkeit der beiden Dreiecke
1, 2, 3 und 1, 2, 4:

$$\frac{\frac{p}{2}}{v} = \frac{v}{2\,r}\left(= \frac{v}{\overline{2-4}}\right).$$

$$p = \frac{v^2}{r},$$

$$v = r \cdot \omega,$$

$$p = r \cdot \omega^2.$$

p bedeutet hier die Beschleunigung, welche die bewegte Kugel
in der Richtung nach dem Mittelpunkt hin erfährt. Zu der Er-
teilung dieser Beschleunigung ist, wenn die Masse der Kugel m beträgt, die Kraft

$$C = m \cdot r \cdot \omega^2$$

erforderlich. Da C nach dem Zentrum der Kreisbahn hinstrebt, so
heißt diese Kraft „Zentripetalkraft" oder kürzer „Zentralkraft".
Im vorliegenden Fall wird sie
durch den Faden ausgeübt, der
ständig die Kugel nach O hin
zieht. Der gespannte Faden übt
demnach auf den festen Drehpunkt eine der · Zentralkraft
entgegengesetzt gleiche radial
nach außen wirkende Kraft C
aus. Diese Gegenkraft nennt
man Fliehkraft oder Zentrifugalkraft[2]).

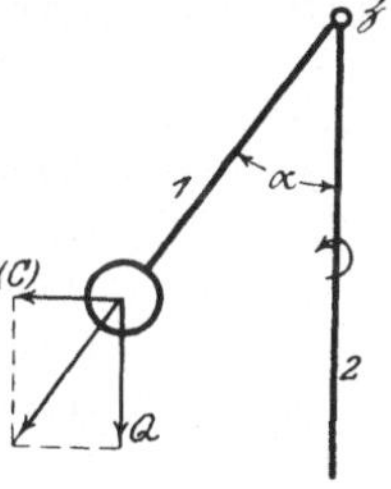
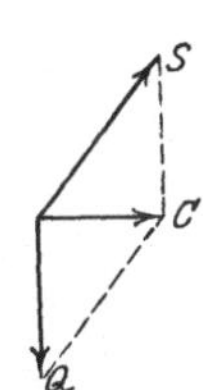

Fig. 167 a.
Kräfte am Gestänge.

Fig. 167 b. Kräfte
an der Kugel.

Kegelpendel.

Fig. 167. Eine Kugel vom Gewicht Q ist durch eine Stange 1
beweglich an die mit n minutlichen Umgängen laufende senkrechte Spindel 2 angeschlossen.
Die Kugel kann sich demnach
sowohl um den oberen wagerechten Zapfen ʒ, als auch mit
der Spindel 2 um deren Achse
drehen.

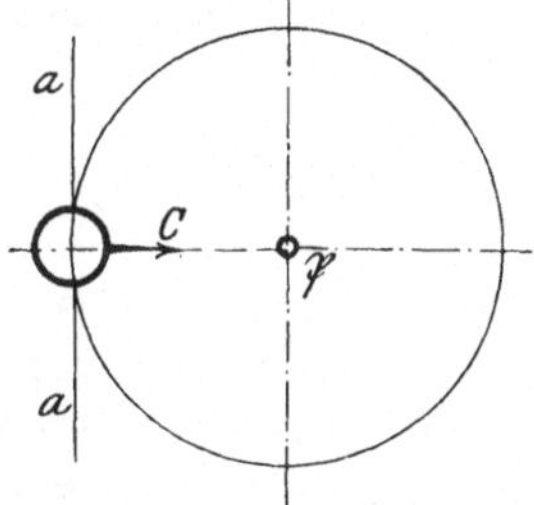

Fig. 167 c. Grundriß der Kugelbahn.

---

[1]) Der Winkel bei 4 ist nur angenähert α.
[2]) Nach Föppl, Vorlesungen über techn. Mechanik, Band I, § 14.

Das Eigengewicht Q und die von der Stange *1* auf die Kugel ausgeübte Zugkraft S ergeben die Mittelkraft C, d. h. die Zentralkraft, die andauernd die Kugel aus der augenblicklichen Bewegungsrichtung $\overline{aa}$ nach dem Drehungsmittelpunkt $\mathfrak{P}$ hin ablenkt.

Demnach übt die Kugel auf das Gestänge die entgegengesetzt gleiche, radial nach außen wirkende Fliehkraft (C) aus. Am Gestänge wirkt ferner das Kugelgewicht Q. Falls deren Mittelkraft in die Richtung der Stange *1* fällt, bleibt der Winkel α unverändert. Da die Größe von (C) von der Umlaufszahl der Spindel abhängt, so wird bei gesteigerter Umlaufszahl der Spindel *2* der Winkel α durch Heben der Stange *1* vergrößert. Bei Verminderung der Umlaufszahl nimmt α ab.

Anwendung findet das Kegelpendel bei den Schwungkugelregulatoren, deren Aufgabe es ist, die Umlaufszahl der Dampfmaschinen möglichst gleich zu erhalten.

13. Beschleunigungs- und Verzögerungskräfte am Kurbelgetriebe[1]).

Würde das Getriebe von der Kurbel geschleppt und das Schubstangenlager mit Spiel den Kurbelzapfen umfassen, so würde, wie

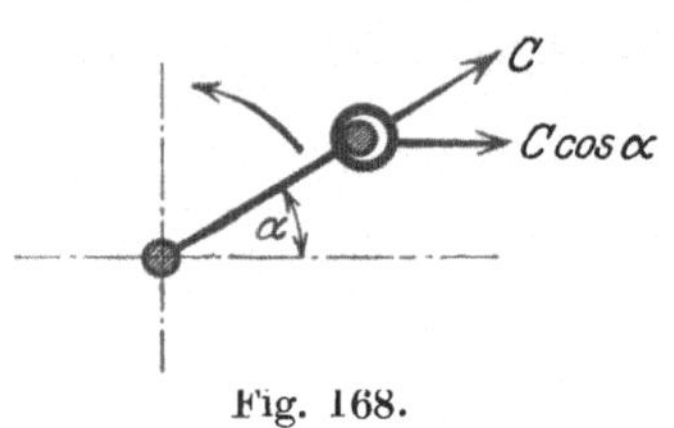

Fig. 168.

in der Fig. 168 übertrieben angedeutet ist, das Stangenlager in der gezeichneten Stellung an der Innenseite des Kurbelzapfens anliegen. Die Figur setzt ferner zur Vereinfachung unendlich lange, also stets zur Zylinderachse parallele Schubstange voraus. Dann hat parallel zur Zylinderachse die Seitenkraft der Zentrifugalkraft die Größe

$$C \cos\alpha = M\, r\, \omega^2 \cdot \cos\alpha = M \cdot \frac{v^2}{r} \cdot \cos\alpha .$$

In den Totlagen für $\alpha = 0$ ist

$$C_{\max} = M\, r\, \omega^2 = M \cdot \frac{v^2}{r} .$$

M ist die Masse des bewegten Gestänges, r ist der Kurbelhalbmesser in m.

Die gleich große Kraft muß nun bei einer Kraftmaschine vom Dampf oder Gas ausgeübt werden, um die Getriebeteile in entgegengesetzter Richtung so zu beschleunigen, daß das Gestänge dem Kurbelzapfen ständig folgen und die Antriebskraft von der Schubstange in den Kurbelzapfen fließen kann, indem das Stangenlager auf den Kurbelzapfen — in der Figur rechts — drückt. Die erforderliche

---

[1]) Siehe Radinger, Dampfmaschinen mit hoher Kolbengeschwindigkeit.

Beschleunigungskraft geht demnach von der Kolbenkraft ab. Der Dampfgegendruck gegen den Zylinderdeckel[1]) ist um $C \cdot \cos \alpha$ größer als die Horizontalkraft gegen den Kurbelzapfen und damit gegen das Lager der Kurbelwelle und den Rahmen Druck und Gegendruck sind demnach am Rahmen nicht ausgeglichen.

Im zweiten Teile des Hubes wird das Getriebe durch die Kurbel verzögert. Die Massendrücke $C \cos \alpha$ unterstützen hier demnach die Kolbenkräfte. Dann wird die jeweilige parallel zur Zylinderachse gerichtete Seitenkraft gegen den Kurbelzapfen und Wellenlager um $C \cdot \cos \alpha$ größer als der Gegendruck gegen den Zylinderdeckel. Solche freie Massendrücke können an schnell laufenden Maschinen sehr hohe Werte erreichen, würden schädlich wirken und sind auszugleichen.

Kurbelwinkel α	Beschleunigungskräfte $= +$ Verzögerungskräfte $= -$ in kg $C \cos \alpha = M \cdot p$
0°	2680
30°	2150
45°	1580
60°	890
90°	−445
120°	−1340
150°	−1680
180°	−1770

Beispiel. Dampfmaschine: $n = 130$ minutliche Umläufe, Hub $s = 600\,\mathrm{mm}$ $\dfrac{r}{l} = \dfrac{1}{5}$ ($l =$ Schubstangenlänge), Gewicht des Getriebes $G = 400\,\mathrm{kg}$, Masse $M = \infty\,40\,\dfrac{\mathrm{kg}}{\mathrm{m}}\,\mathrm{sk}^2$. Der Verlauf der Beschleunigungen und Verzögerungen p ist aus Fig. 18 ersichtlich.

Die schädlichen am Maschinenrahmen nach vorn oder hinten abwechselnd wirkenden Massendrücke, d. h. Beschleunigungs- oder Verzögerungskräfte sind gleich den parallel zur Zylinderachse gerichteten Seitenkräften $C \cos \alpha$ der am Kurbelzapfen vereinigt gedachten Triebwerksgewichte.

Die Massendrücke können teilweise aufgehoben werden durch umlaufende in den Schwungrädern, bei Lokomotiven in den Treib- und Kuppelrädern untergebrachte Gegengewichte. Ein vollständiger Ausgleich ist auf diese Weise aber nicht möglich, weil die Fliehkräfte der Gegengewichte sonst zu große **schädliche Seitenkräfte senkrecht zur Zylinderachse** ergeben würden. Es läuft ja nur ein Teil des Triebwerkes (Kurbel, Zapfen und ein Teil des Schubstangengewichtes) im Kreise um, während Kolben, Stange, Kreuzkopf geradlinig bewegt werden.

Die umlaufenden Massen können ganz, die hin- und hergehenden nur teilweise, z. B. bei Schnellzuglokomotiven $\infty\,15\%$ durch Gegengewichte ausgeglichen werden.

---

[1]) Vgl. auch die Fig. 66 und 67.

14. Freie Achsen.

In der Fig. 169 stellen M_1 und M_2 die im Kurbelkreise umlaufenden Triebwerksmassen einer Vierkurbelmaschine vor. Die Welle ist starr angenommen, sodaß sie sich unter dem Einfluß der Flieh-

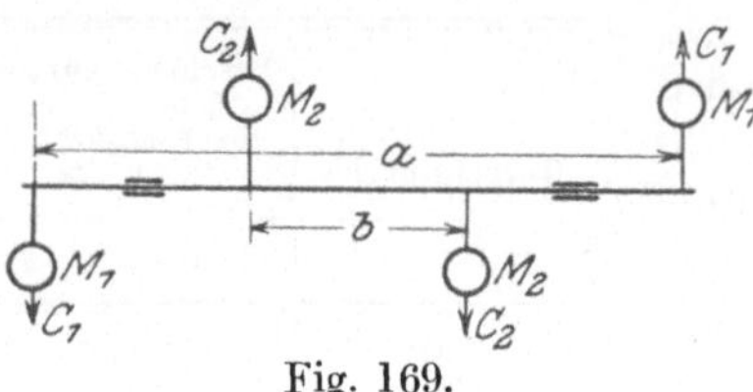

Fig. 169.

kräfte nicht verbiegt. Es ist zunächst angenommen, daß alle 4 Kurbeln in einer Ebene liegen. In Wirklichkeit müssen die Kurbeln gegeneinander versetzt sein. Bei der obigen Annahme würden die beiden gleich großen und entgegengesetzt gerichteten Fliehkräfte C_2 der inneren Triebwerke allein ein in der Figur im Uhrzeigersinn drehendes Kräftepaar mit dem Moment $C_2 \cdot b$ ergeben, das die Kurbelwelle zu kippen sucht. Das Moment $C_1 \cdot a$ hält dem ersten Kippmoment das Gleichgewicht. Eine Achse wie die obige Drehachse, bei der die Fliehkräfte und die durch Fliehkräfte hervorgerufenen Kippmomente im Gleichgewicht sind, heißt eine freie Achse.

15. Massenausgleich nach Schlick[1]).

Ein vollständiger Ausgleich der geradlinig bewegten Triebwerksmassen kann nur durch andere geradlinig bewegte Massen erfolgen.

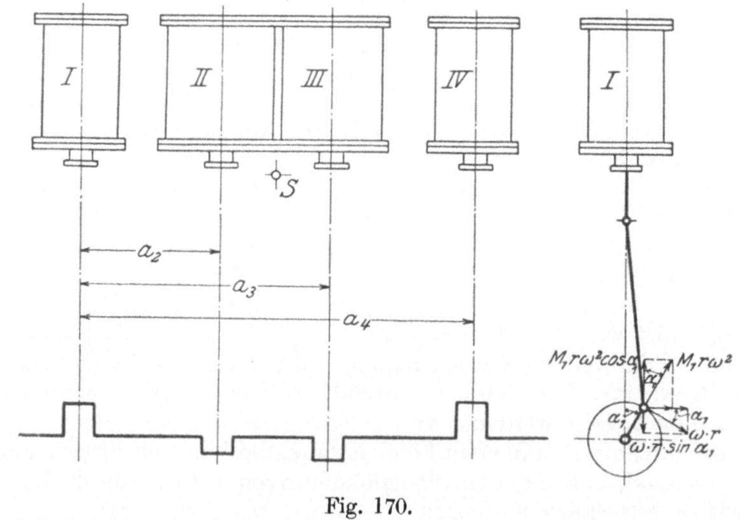

Fig. 170.

----

[1]) Siehe Föppl, Vorlesungen über techn. Mechanik. Bd. IV.

Bei Mehrkurbelmaschinen können die Triebwerke der verschiedenen Zylinder sich gegenseitig ausgleichen, wenn sie sich so bewegen, daß ihr Gesamtschwerpunkt sich nicht gegen die Maschine verschiebt. Den Weg hierzu weist das Verfahren von Schlick.

Zum Massenausgleich sind erforderlich:
1. Bemessung der Triebwerksgewichte.
2. Bemessung der Querabstände der Zylinderachsen.
3. Bemessung der Winkel zwischen den einzelnen Kurbeln.

Bei einer Vierkurbelmaschine ist eine angenäherte Lösung möglich. Die einzelnen Triebwerksgewichte sind G_1, G_2, G_3, G_4, deren Massen M_1, M_2, M_3, M_4. Die Winkel zwischen den Kurbeln sind von der ersten Kurbel aus gemessen $\varphi_1 = 0$, φ_2, φ_3, φ_4 (Fig. 171). Wenn die Kurbel I also den Winkel α_1 durchlaufen hat, sind

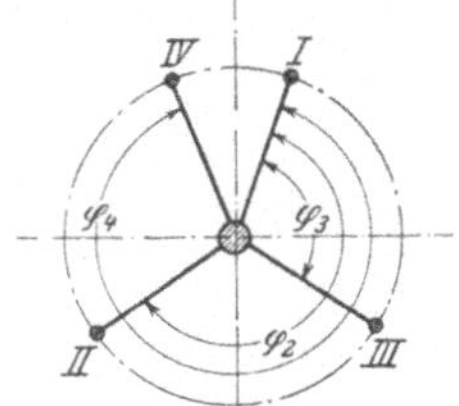

Fig. 171.

$$\alpha_2 = \alpha_1 + \varphi_2,$$
$$\alpha_3 = \alpha_1 + \varphi_3,$$
$$\alpha_4 = \alpha_1 + \varphi_4.$$

Die Abstände der Zylinderachsen von der Mitte des Zylinders I sind $a_1 = 0$, a_2, a_3, a_4 (Fig. 170).

Damit Massenausgleich erzielt wird, müssen in allen Kurbelstellungen 1) die Beschleunigungsdrücke und 2) deren Kippmomente im Gleichgewicht sein. Also muß sein:

$$1. \quad \sum M\, r\, \omega^2 \cdot \cos\alpha = 0.$$

$$M_1 \cdot r\, \omega^2 \cdot \cos\alpha_1 \qquad\quad = M_1\, r\, \omega^2 \cos\alpha_1,$$
$$M_2\, r\, \omega^2 \cdot \cos(\alpha_1 + \varphi_2) = M_2\, r\, \omega^2\, (\cos\alpha_1 \cdot \cos\varphi_2 - \sin\alpha_1 \sin\varphi_2),$$
$$M_3\, r\, \omega^2 \cdot \cos(\alpha_1 + \varphi_3) = M_3\, r\, \omega^2\, (\cos\alpha_1 \cos\varphi_3 - \sin\alpha_1 \cdot \sin\varphi_3),$$
$$M_4\, r\, \omega^2 \cdot \cos(\alpha_1 + \varphi_4) = M_4\, r\, \omega^2\, (\cos\alpha_1 \cos\varphi_4 - \sin\alpha_1 \cdot \sin\varphi_4),$$

Die Summe der 4 Gleichungen soll 0 sein, also muß gelten:

$$r\, \omega^2 \cdot \cos\alpha_1\, (M_1 + M_2 \cos\varphi_2 + M_3 \cos\varphi_3 + M_4 \cos\varphi_4) = 0,$$
$$r\, \omega^2 \sin\alpha_1\, (M_2 \sin\varphi_2 + M_3 \sin\varphi_3 + M_4 \sin\varphi_4) = 0.$$

Folglich:

$$M_1 + M_2 \cos\varphi_2 + M_3 \cdot \cos\varphi_3 + M_4 \cdot \cos\varphi_4 = 0,$$
$$M_2 \sin\varphi_2 + M_3 \cdot \sin\varphi_3 + M_4 \cdot \sin\varphi_4 = 0.$$

Die Gleichungen müssen einzeln gleich 0 sein, weil auch gelten muß:

$$\sum M\, r\, \omega^2 \sin\alpha = r\, \omega^2 \sum M \sin\alpha = 0.$$

Es muß sein:

$$\sum M\, r\, \omega \sin \alpha = r\, \omega \sum M \sin \alpha = 0\,,$$

d. h. der Gesamtschwerpunkt hat die Geschwindigkeit 0 und verschiebt sich nicht auf der Maschine. Also

$$\sum M \sin \alpha \,.$$

$r\, \omega \sin \alpha$ ist die Seitengeschwindigkeit des Kurbelzapfens nach Richtung der Zylinderachse.

$$\boldsymbol{\varphi_1 = 0}\,.$$

$$M_1 \cdot r\, \omega^2 \sin \alpha_1 = M_1\, r\, \omega^2 (\sin \alpha_1 \cos \varphi_1 + \cos \alpha_1 \cdot \sin \varphi_1)\,,$$
$$M_2 \cdot r\, \omega^2 \sin \alpha_2 = M_2\, r\, \omega^2 (\sin \alpha_1 \cdot \cos \varphi_2 + \cos \alpha_1 \cdot \sin \varphi_2)\,,$$
$$M_3 \cdot r\, \omega^2 \sin \alpha_3 = M_3\, r\, \omega^2 (\sin \alpha_1 \cos \varphi_3 + \cos \alpha_1 \cdot \sin \varphi_3)\,,$$
$$M_4 \cdot r\, \omega^2 \sin \alpha_4 = M_4\, r\, \omega^2 (\sin \alpha_1 \cdot \cos \varphi_4 + \cos \alpha_1 \sin \varphi_4)\,.$$

Damit die Summe der 4 Gleichungen gleich 0 wird, muß die Summe der ersten und die Summe der letzten 4 Glieder getrennt 0 werden. Also:

$$r\, \omega^2 \sin \alpha_1 (M_1 \cos \varphi_1 + M_2 \cdot \cos \varphi_2 + M_3 \cdot \cos \varphi_3 + M_4 \cdot \cos \varphi_4) = 0\,,$$
$$M_1 + M_2 \cdot \cos \varphi_2 + M_3 \cdot \cos \varphi_3 + M_4 \cdot \cos \varphi_4 = 0$$

und

$$r\, \omega^2 \cos \alpha_1 (M_1 \sin \varphi_1 + M_2 \sin \varphi_2 + M_3 \sin \varphi_3 + M_4 \sin \varphi_4) = 0\,,$$
$$M_2 \sin \varphi_2 + M_3 \sin \varphi_3 + M_4 \sin \varphi_4 = 0\,.$$

Ferner muß die Summe der **Kippmomente** 0 sein:

$$2. \quad \sum a\, M\, r\, \omega^2 \cos \alpha = 0\,,$$

im vorliegenden Falle entsprechend der obigen Entwicklung:

$$a_1 \cdot M_1 + a_2\, M_2 \cos \varphi_2 + a_3\, M_3 \cdot \cos \varphi_3 + a_4\, M_4 \cos \varphi_4 = 0\,,$$
$$a_2\, M_2 \sin \varphi_2 + a_3\, M_3 \sin \varphi_3 + a_4\, M_4 \sin \varphi_4 = 0\,.$$

Es muß also gelten:

$$1. \quad \sum M \cos \varphi = 0\,,$$
$$2. \quad \sum M \sin \varphi = 0\,,$$
$$3. \quad \sum a\, M \cos \varphi = 0\,,$$
$$4. \quad \sum a\, M \sin \varphi = 0\,.$$

Beispiel. Vierzylinder-Lokomotive. Die umlaufenden Triebwerksgewichte sind durch Gegengewichte in den Rädern ausgeglichen. Die hin- und hergehenden Triebwerksgewichte sind für die Hochdruckstriebwerke $G_1 = G_4 = 148$ kg, für die Niederdrucktriebwerke $G_2 = G_3 = 228$ kg.

$$M_1 = M_4 = \infty\, 14{,}8\,,$$
$$M_2 = M_3 = 22{,}8\,.$$

Die Querabstände der Zylindermitten von der Achse I sind $a_1 = 0$, $a_2 = 770$ mm, $a_3 = 1360$ mm, $a_4 = 2130$ mm. Die Kurbelwinkel $\varphi_1 = 0°$, $\varphi_2 = 211°$, $\varphi_3 = 106°$, $\varphi_4 = 317°$.

$$M_1 \cos\varphi_1 + M_2 \cos\varphi_2 + M_3 \cos\varphi_3 + M_4 \cos\varphi_4 =$$
$$14{,}8 - 22{,}8 \cdot 0{,}857 - 22{,}8 \cdot 0{,}257 + 14{,}8 \cdot 0{,}731 =$$
$$14{,}8 - 19{,}8 \qquad - 6{,}26 \qquad + 10{,}8 \qquad = 0{,}46 \frac{\text{kg}}{\text{m}} \text{sk}^2,$$

$$M_1 \sin\varphi_1 + M_2 \sin\varphi_2 + M_3 \sin\varphi_3 + M_4 \sin\varphi_4 =$$
$$0 - 22{,}8 \cdot 0{,}515 + 22{,}8 \cdot 0{,}961 - 14{,}8 \cdot 0{,}682 =$$
$$0 - 11{,}75 \qquad + 21{,}9 \qquad - 10{,}1 \qquad = 0{,}05 \frac{\text{kg}}{\text{m}} \text{sk}^2,$$

$$a_1 M_1 \cos\varphi_1 + a_2 M_2 \cos\varphi_2 + a_3 M_3 \cos\varphi_3 + a_4 M_4 \cos\varphi_4 =$$
$$0 - 0{,}77 \cdot 19{,}8 - 1{,}36 \cdot 6{,}26 + 2{,}13 \cdot 10{,}8 =$$
$$0 - 15{,}3 \qquad - 8{,}52 \qquad + 24{,}2 \qquad = 0{,}38 \,\text{m} \frac{\text{kg}}{\text{m}} \text{sk}^2,$$

$$a_1 M_1 \sin\varphi_1 + a_2 M_2 \sin\varphi_2 + a_3 M_3 \sin\varphi_3 + a_4 M_4 \sin\varphi_4 =$$
$$0 - 0{,}77 \cdot 11{,}75 + 1{,}36 \cdot 21{,}9 - 2{,}13 \cdot 10{,}1 =$$
$$0 - 9{,}05 \qquad + 29{,}8 \qquad - 21{,}3 \qquad = -0{,}55 \,\text{m} \frac{\text{kg}}{\text{m}} \text{sk}^2.$$

Es wird angenommen die minutliche Drehzahl $n = 246$; $\omega = 25{,}76$. Der Kurbelhalbmesser ist $r = 320$ mm.

Also:

$$r\,\omega^2 = 0{,}32 \cdot 25{,}76^2 = 212 \;\text{m/sk}^2.$$

Es wird betrachtet die Kurbelstellung bei $\alpha_1 = 0°$ $(\cos\alpha_1 = 1$; $\sin\alpha_1 = 0)$. Dann ergibt sich

$$\sum M\,r\,\omega^2 \cos\alpha = 212 \cdot 0{,}46 = 98 \;\text{kg},$$
$$\sum a\,M\,r\,\omega^2 \cdot \cos\alpha = 212 \cdot 0{,}38 = 81 \;\text{mkg},$$

für $\alpha_1 = 90°$:

$$\sum M\,r\,\omega^2 \cos\alpha = 212 \cdot 0{,}05 = 10{,}6 \;\text{kg},$$
$$\sum a\,M\,r\,\omega^2 \cos\alpha = -212 \cdot 0{,}55 = -117 \;\text{mkg}.$$

Ein Niederdrucktriebwerk allein ergibt in der Totlage den Massendruck

$$M_2 \cdot r\,\omega^2 = 4850 \;\text{kg}.$$

Der Massendruck eines einzigen Hochdrucktriebwerkes in dessen Totlage ergibt für die Maschinenmitte das Kippmoment

$$M_1 \cdot r\,\omega^2 \cdot \frac{a_4}{2} = 3350 \;\text{mkg}.$$

16. Stoßgesetze.

Ein Stoß tritt auf, wenn ein bewegter Körper gegen einen feststehenden, oder wenn zwei bewegte Körper gegeneinander treffen. Dann findet eine mehr oder weniger plötzliche Geschwindigkeitsänderung, also eine sehr bedeutende Verzögerung oder Beschleunigung der bewegten Körper statt. Je plötzlicher die Geschwindigkeitsänderung ist, um so größer ist der hervorgerufene Stoßdruck[1]).

Fig. 172. Der Körper von der Masse M bewegt sich mit der Geschwindigkeit C und holt die in der gleichen Richtung mit c bewegte Masse m ein. An der Stoßstelle werden beide Körper abgeplattet. Der Stoßdruck beschleunigt den vorderen und verzögert den nachfolgenden Körper. Im Augenblick der größten Abplattung bewegen sich beide Körper mit der gemeinsamen Geschwindigkeit u weiter (Fig. 173). Die Geschwindigkeitsänderungen in gleichen Zeiten verhalten sich, weil sie beide durch denselben Stoßdruck hervorgerufen sind, umgekehrt wie die betr. Massen:

$$\frac{u - c}{C - u} = \frac{M}{m}.$$

Also:

$$u = \frac{M\,C + m \cdot c}{m + M}.$$

Fig. 172.

Unelastischer Stoß: die größte Abplattung bleibt vollständig erhalten.

Elastischer Stoß: die Abplattung der zusammengestoßenen Körper wird wieder vollständig ausgeglichen. Die Körper dehnen sich wieder bis zu ihrer ursprünglichen Form aus und üben bei dieser Ausdehnung Drücke aufeinander aus. Durch diese wird die Geschwindigkeit des vorderen Körpers weiter bis v gesteigert und die Geschwindigkeit des nachfolgenden Körpers weiter bis V vermindert. Die gesamte Geschwindigkeitsänderung jedes Körpers ist doppelt so groß, als sie unter sonst gleichen Voraussetzungen bei unelastischem Stoße sein würde.

Fig. 173.

Da in Wirklichkeit kein Körper vollständig elastisch oder vollständig unelastisch ist, so werden die betr. Stoßgesetze nur angenähert befolgt.

---

[1]) Siehe Dynamisches Grundgesetz. S. 104.

Bei dem elastischen Stoße geht keine Energie verloren. Es ist demnach:

$$\frac{M}{2} \cdot C^2 + \frac{m}{2} \cdot c^2 = \frac{M}{2} \cdot V^2 + \frac{m}{2} \cdot v^2.$$

Stoßverlust.

Bei dem unelastischen Stoße ist die lebendige Kraft nach dem Stoße kleiner als nach dem elastischen Stoße. Der durch den Stoß hervorgerufene Energieverlust wird zur Formänderung, zur Erzeugung von Wärme und Schall benutzt.

Die lebendige Kraft vor dem Stoße ist:

$$L_1 = \frac{M C^2}{2} + \frac{m \cdot c^2}{2}.$$

Die lebendige Kraft nach dem Stoße ist:

$$L_2 = \frac{(M + m) \cdot u^2}{2}.$$

Technische Anwendungen des Stoßes.

1. Schmieden.

Der getroffene Körper, hier das Schmiedestück, befindet sich in Ruhe. $c = 0$.

Es ist hier:

$$L_1 = \frac{M \cdot C^2}{2},$$

$$u = \frac{M \cdot C}{M + m},$$

$$L_2 = \frac{M + m}{2} \cdot \frac{M^2 \cdot C^2}{(M + m)^2}.$$

Der Stoßverlust ist dann:

$$L_1 - L_2 = \frac{M C^2}{2} \left(1 - \frac{M}{M + m}\right),$$

$$L_1 - L_2 = \frac{M \cdot C^2}{2} \cdot \frac{m}{M + m}.$$

Der „Stoßverlust" soll hier möglichst groß sein. Die eingebüßte lebendige Kraft soll zur Formänderung des Schmiedestückes benützt werden. Der Stoßverlust ist um so größer, je größer die ruhende gestoßene Masse m des Schmiedestückes, Ambosses und der Schabotte.

2. Einrammen von Pfählen, Einschlagen von Nägeln.

Die getroffenen Körper, Pfahl oder Nagel, befinden sich vor dem Stoße in Ruhe. $c = 0$.

Nach dem Stoße sollen hier stoßender und gestoßener Körper gemeinsam eine möglichst große lebendige Kraft L_2 besitzen und dadurch einen entgegenstehenden Widerstand W auf dem Wege s überwinden: Der Pfahl soll in den Boden, der Nagel soll in das Holz eindringen.

$$\frac{(M + m) \cdot u^2}{2} = \frac{M \cdot C^2}{2} \cdot \frac{M}{M + m} = W \cdot s.$$

Die nach dem Stoße der stoßenden und gestoßenen Masse gemeinsam innewohnende lebendige Kraft ist um so größer, je größer die Masse M des stoßenden Körpers ist.

Wird ein bewegter Körper allmählich aufgehalten, so wird ein Stoß vermieden. Es gibt daher auch keinen Stoßverlust. Bei den Turbinen[1]) wird die lebendige Kraft des zufließenden Wassers auf das Turbinenlaufrad übertragen. Das Wasser soll ohne Stoß eintreten. Durch Stöße an der Eintrittsstelle würde ein Teil der Arbeitsfähigkeit des Wassers zur Wirbelbildung verbraucht werden, also für die Nutzleistung der Maschine verloren gehen[2]).

Beispiel. Ein Eisenbahnwagen vom Gewicht $Q = 15\,000$ kg ($M = 1530$) bewegt sich mit der Geschwindigkeit $C = 2,2$ m/sk und trifft auf einen anderen vor ihm in der gleichen Richtung mit $c = 1,67$ m/sk laufenden Wagen vom Gewichte $q = 12\,000$ kg ($m = 1225$).

Die lebendige Kraft des Wagens vom Gewichte Q ist:

$$L_1 = \frac{1530 \cdot 2,2^2}{2} = \sim 3700 \text{ mkg.}$$

Die lebendige Kraft des Wagens vom Gewichte q ist:

$$L_2 = \frac{1225 \cdot 1,67^2}{2} = 1710 \text{ mkg,}$$

$$L_1 + L_2 = 5410 \text{ mkg.}$$

Bei der größten Zusammendrückung der Pufferfedern bewegen sich beide Wagen mit der gemeinsamen Geschwindigkeit:

$$u = \frac{M \cdot C + m \cdot c}{M + m} = \frac{1530 \cdot 2,2 + 1225 \cdot 1,67}{1530 + 1225},$$

$$u = 1,965 \text{ m/sk.}$$

---

[1]) Siehe Geschwindigkeitsparallelogramm Fig. 16.
[2]) Strahldruck V. B. 7.

In diesem Augenblick besitzen die beiden Wagen zusammen die lebendige Kraft:

$$\frac{M + m}{2} \cdot u^2 = \frac{2755 \cdot 1{,}965^2}{2} = \sim 5320 \text{ mkg,}$$

d. h. die lebendige Kraft ist kleiner als am Anfang und am Ende der Stoßperiode. Ein Teil des Arbeitsvermögens, und zwar

$$5410 - 5320 = 90 \text{ mkg,}$$

ist in den gespannten Pufferfedern aufgespeichert.

$$\frac{M}{m} = \frac{1530}{1225} = \frac{5}{4} = \frac{u - c}{C - u} = \frac{0{,}295}{0{,}235} \cdot$$

Am Ende des Stoßes hat der voranlaufende Wagen die Geschwindigkeit:

$$v = 1{,}67 + 2 \cdot 0{,}295 = 2{,}26 \text{ m/sk,}$$

der nachfolgende Wagen hat die Geschwindigkeit:

$$V = 2{,}2 - 2 \cdot 0{,}235 = 1{,}73 \text{ m/sk.}$$

Am Ende des Stoßes sind die lebendigen Kräfte: des vorlaufenden Wagens:

$$L_2' = \frac{1225 \cdot 2{,}26^2}{2} = 3120 \text{ mkg,}$$

des nachlaufenden Wagens:

$$L_1' = \frac{1530 \cdot 1{,}73^2}{2} = 2290 \text{ mkg.}$$

Also ist:

$$L_1' + L_2' = 2290 + 3120 = 5410 \text{ mkg.}$$

V. Hydraulik.
Mechanik der Flüssigkeiten.
A. Statik der Flüssigkeiten.

Eine Flüssigkeit hat keine bestimmte Form. Eine in ein Gefäß eingeschlossene Flüssigkeit kann wohl Druckkräfte, nicht aber Zug- oder Schubkräfte aufnehmen.

Befindet sich eine Flüssigkeit in Ruhe, so bildet ihre Oberfläche eine wagerechte Ebene senkrecht zur wirksamen Schwerkraft. In kommunizierenden Röhren stehen beide Wasserspiegel in der gleichen Ebene (Fig. 174).

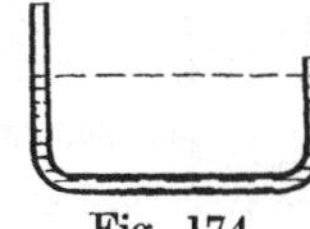

Fig. 174.

1. Druckübertragung durch Flüssigkeiten.

Fig. 175. Wird auf eine eingeschlossene Flüssigkeit durch einen Kolben an irgendeiner Stelle ein Druck P_1 ausgeübt, so wird dieser

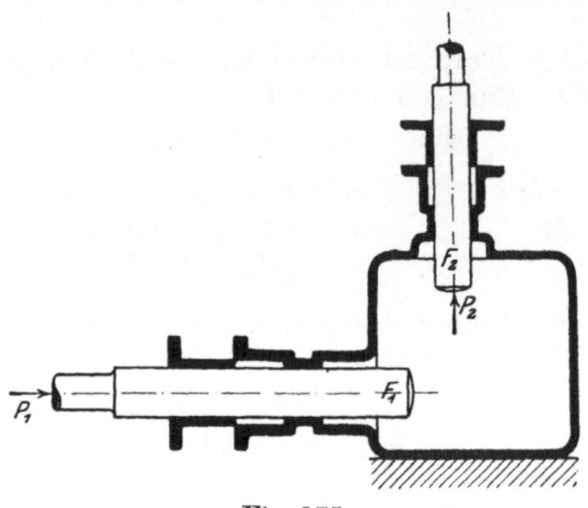

Fig. 175.

durch die Flüssigkeit nach allen Richtungen hin gleichmäßig übertragen. Jeder Kolben von derselben Fläche empfängt den gleichen Druck P_1. Bei einer Kolbenfläche von F_1 qcm entfällt demnach auf 1 qcm der Druck

$$p = \frac{P_1}{F_1}.$$

Der Kolben von der Fläche F_2 erhält demnach den Druck

$$P_2 = p \cdot F_2.$$

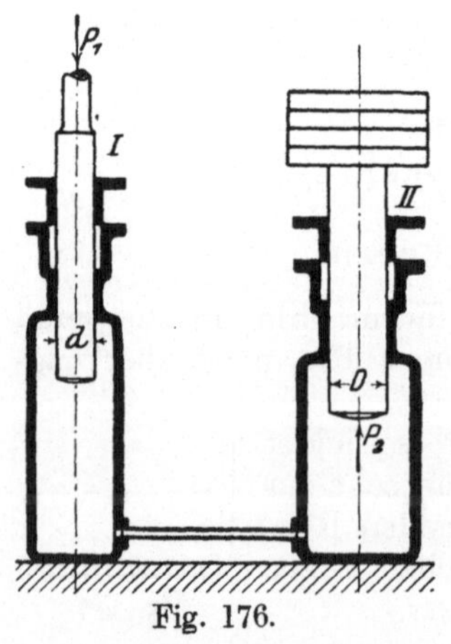

Fig. 176.

Hydraulische Presse.

Fig. 176. Die Kolben tauchen in Zylinder ein, die durch Rohrleitungen miteinander verbunden sind.

Auf den Kolben I wird der Druck

$$P_1 = p \cdot f_1$$

ausgeübt. Auf jedes Quadratzentimeter der die Flüssigkeit einschließenden Wandungen wird demnach der Flächendruck p übertragen. Also wirkt auf den Kolben II vom Querschnitt f_2 der Druck

$$P_2 = p \cdot f_2.$$

Die Flächendrücke sind gleich.

Es verhalten sich die Kolbenkräfte wie die Kolbenflächen:

$$\frac{P_1}{P_2} = \frac{f_1}{f_2} = \frac{d^2}{D^2}.$$

Im Akkumulator wird der mit Gewichten belastete Kolben (D) durch den Wasserdruck gehoben, welcher mittels Preßpumpe erzeugt ist. Der Wasserdruck bleibt auch nach Abstellung der Preßpumpe erhalten, solange der Gewichtskolben vom Wasser getragen wird.

Steigerung der Wasserpressung.
(Multiplikator.)

Zwei Kolben arbeiten in getrennten Zylindern (Fig. 177). Die beiden Kolbenkräfte sind gleich:

$$P_1 = P_2.$$

f_1 ist die Fläche des Kolbens I,
f_2 ,, ,, ,, ,, ,, II,
p_1 ,, der Wasserdruck auf 1 qcm im unteren Zylinder,
p_2 ,, ,, ,, ,, 1 ,, ,, oberen ,,

$$P_1 = f_1 \cdot p_1,$$
$$P_2 = f_2 \cdot p_2.$$

Die Kolbenkräfte sind gleich:

$$P_1 = P_2.$$

Also verhält sich:

$$\frac{p_1}{p_2} = \frac{f_2}{f_1}.$$

Die Flächendrücke verhalten sich hier umgekehrt wie die Flächen.

Beispiel. Auf den großen Kolben eines Multiplikators vom Durchmesser $d_1 = 300$ mm wirkt der Wasserleitungsdruck $p_1 = 3$ at (abs.).

$$P_1 = p_1 \cdot \frac{\pi \cdot d_1^2}{4} = \sim 2120 \text{ kg.}$$

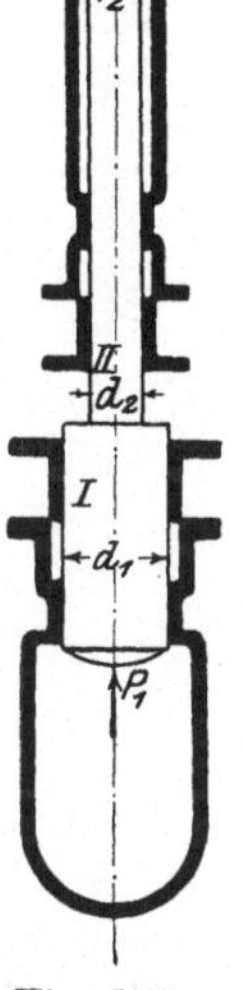

Fig. 177.

Der Druck soll auf 50 at Überdruck gesteigert werden: $p_2 = 51$ at (abs.).

$$f_2 = \frac{2120}{51} = 41{,}6 \text{ qcm,}$$

gewählt:

$$d_2 = 73 \text{ mm,}$$
$$f_2 = 41{,}85 \text{ qcm,}$$
$$p_2 = \sim 51 \text{ at (abs.).}$$

2. Bodendruck und Seitendruck.

a) Bodendruck.

Fig. 178—180. In einem geraden zylindrischen oder prismatischen Gefäße vom Querschnitt f ruht das ganze Wassergewicht auf dem Boden. Daher ist der Bodendruck:

$$P = \gamma \cdot f \cdot h.$$

f ist in qdm, h in dm gemessen. γ bedeutet das Einheitsgewicht. Für Süßwasser ist:

$$\gamma = 1.$$

Die Form der Fläche und die Form des Gefäßes sind hierbei, wie der Versuch erweist, gleichgültig.

In den beiden durch Fig. 179 und 180 bezeichneten Gefäßen I und II ist der Bodendruck:

$$P_1 = f_1 \cdot h,$$
$$\gamma = 1,$$
$$P_2 = f_2 \cdot h.$$

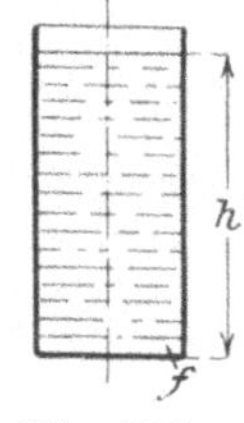
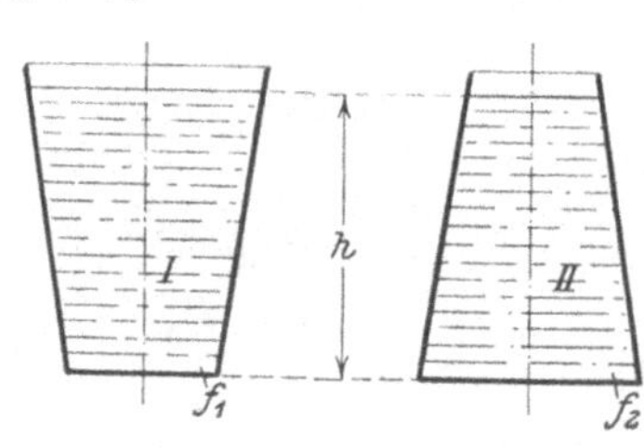

Fig. 178.   Fig. 179.   Fig. 180.

b) Seitendruck.

Auf einem schmalen, in der Tiefe y unter dem Wasserspiegel, aus einer senkrechten oder geneigten Seitenwand herausgeschnittenen Streifen von der Größe ΔF wirkt der Druck $\gamma \, y \, \Delta F$. Fig. 181.

Also ist der Gesamtdruck auf die ganze Fläche:

$$P = \gamma \sum y \, \Delta F.$$

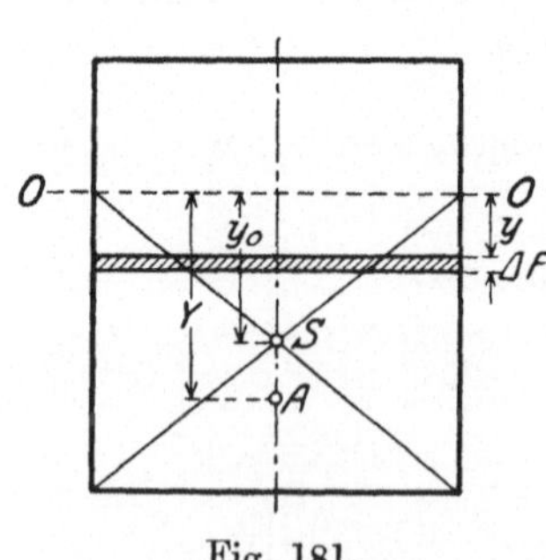

Der Wert unter dem Summenzeichen ist die Summe der statischen Momente der einzelnen Flächenstreifen in bezug auf den Schnitt der Seitenfläche mit dem Wasserspiegel.

$$\sum y \, \Delta F = y_0 F,$$
$$P = \gamma \, y_0 \, F.$$

Fig. 181.   Es ist gleichgültig, ob die Ebene senkrecht oder geneigt ist.

Es bedeuten:

$F = $ Größe der Seitenfläche in qdm,

$y_0 = $ Abstand des Schwerpunktes der Seitenfläche von 00 in dm,

$\gamma = $ das spezifische Gewicht des Wassers $(= 1)$.

Es ist:

Wasserdruck auf eine Fläche $=$ Flächengröße $\times$ lotrechter Abstand des Flächenschwerpunktes vom Wasserspiegel.

P ist der hydrostatische, auf die betrachtete Fläche wirkende Druck. Außer dem hydrostatischen wirkt noch auf die Fläche der atmosphärische Druck $p = 1$ kg/qcm. Der atmosphärische Druck wirkt aber von innen und von außen. Druck und Gegendruck heben sich gegenseitig auf.

Der hydrostatische Druck ist also der Überdruck über dem atmosphärischen Druck.

Beispiel. Eine Schleuse hat $b = 10$ m Breite. Auf der einen Seite des Hubtores der Schleuse beträgt die Wassertiefe $h_1 = 6$ m, auf der anderen Seite ist die Wassertiefe $h_2 = 3$ m.

Auf der ersten Seite ist der Wasserdruck:

$$P_1 = 100 \cdot 60 \cdot 30 = 180\,000 \text{ kg}.$$

Auf der anderen Seite ist der Wasserdruck:

$$P_2 = 100 \cdot 30 \cdot 15 = 45\,000 \text{ kg}.$$

Der von den Führungen des Tores aufzunehmende Überdruck ist:

$$P_1 - P_2 = 180\,000 - 45\,000 = 135\,000 \text{ kg}.$$

c) Druckmittelpunkt.

Das Moment des auf einen kleinen Streifen ΔF in der Tiefe y wirkenden Wasserdruckes in Bezug auf die Achse $\overline{0\,0}$ ist

$$\Delta M = y\,\Delta P,$$
$$= y \cdot \gamma\,y \cdot \Delta F,$$
$$= \gamma \cdot y^2\,\Delta F.$$

Das Moment des Gesamtdruckes in bezug auf die gleiche Achse ist

$$M = \sum \Delta M = \gamma \sum y^2\,\Delta F = P \cdot Y = \gamma \cdot y_0\,F \cdot Y.$$

Hierin bedeutet

$$\sum y^2\,\Delta F = J_0,$$

das äquatoriale Flächenträgheitsmoment der vom Wasser benetzten Fläche in Bezug auf die Linie $\overline{0\,0}$ $(\gamma = 1)$

$$J_0 = P\,Y,$$
$$= y_0\,F\,Y,$$
$$Y = \frac{J_0}{y_0\,F}.$$

Die Tiefe des Druckmittelpunktes, d. h. des Angriffspunktes der Mittelkraft unter dem Wasserspiegel ist gleich dem äquatorialen Trägheitsmoment der benetzten Fläche geteilt durch das statische Moment der gleichen Fläche bezogen auf deren Schnittlinie mit dem Wasserspiegel.

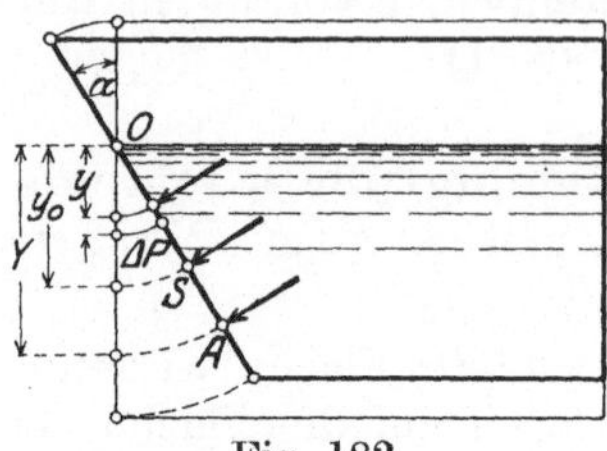

Fig. 182.

Die zunächst senkrecht gedachte Seitenfläche (in der Fig. 182 im Schnitt) wird um die Achse 0 geneigt. Dann ist der Wasserdruck senkrecht gegen den geneigt angenommenen Flächenstreifen ΔF

$$\Delta P = \gamma \cdot y \cos \alpha \, \Delta F$$

und der Druck gegen die ganze Fläche

$$P = \gamma \cdot y_0 \cos \alpha \, F .$$

Also dessen Moment

$$M = \gamma \cos \alpha \sum y^2 \, \Delta F ,$$
$$= \gamma \cdot \cos \alpha \cdot J_0 ,$$
$$= P \cdot Y ,$$
$$Y = \frac{M}{P} = \frac{J_0}{y_0 \, F} .$$

Die Lage des Druckmittelpunktes in der Fläche ändert sich also bei der angenommenen Drehung nicht. Es ändert sich aber die Größe des Gesamtdruckes, weil der Schwerpunkt der Fläche bei der Drehung sich hebt.

3. Auftrieb.

Auf den eingetauchten Körper vom Querschnitt f wirken nach Fig. 183 die Wasserdrücke:

1. von oben:

$$f \cdot h_1 ,$$

2. von unten:

$$f \cdot h_2 .$$

Beide ergeben die nach aufwärts gerichtete Mittelkraft:

$$A = f \cdot (h_2 - h_1).$$

A heißt der Auftrieb.

Der Auftrieb ist gleich dem Gewichte des durch den eingetauchten Körper verdrängten Wassers.

Das Seil, an welchem der Körper nach der Fig. 183 aufgehangen ist, wird durch das Ein-

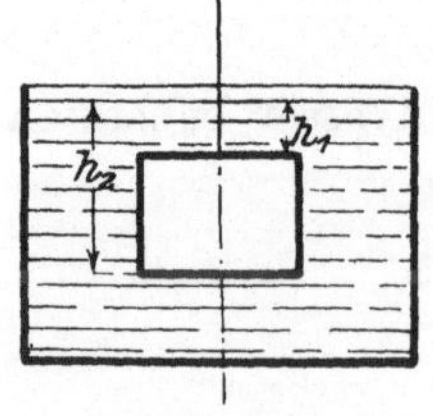

Fig. 183.

tauchen um den Auftrieb entlastet. („Der Körper verliert scheinbar an Gewicht.")

Der Angriffspunkt des Auftriebes liegt im Schwerpunkte der verdrängten Wassermasse.

Das Schwimmen der Körper.

Fig. 184. Ein Körper schwimmt, wenn der Auftrieb gleich ist dem Gewichte des Körpers. Dann ist das Gewicht des verdrängten Wassers gleich dem Gewichte des Körpers.

Der schwimmende Körper befindet sich im stabilen[1]) Gleichgewichte, wenn sein Schwerpunkt senkrecht unter dem Schwerpunkt der verdrängten Wassermasse ist.

Die Gleichgewichtslage des schwimmenden Körpers kann indes auch bei höher gelegenem Körperschwerpunkt eine stabile sein.

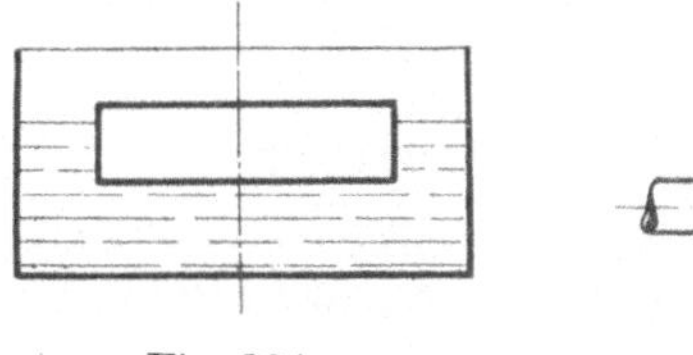
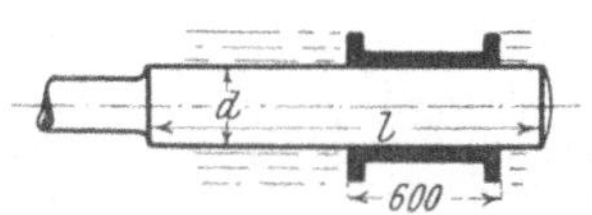

Fig. 184.   Fig. 185.

Beispiel. Fig. 185. Ein Tauchkolben von $l = 1600$ mm Länge und $d = 360$ mm Durchmesser hat $Q = 200$ kg Gewicht. Der Kolben ist auf 600 mm Länge geführt.

Auf den überragenden Teil des Tauchkolbens wirkt der Auftrieb:

$$A = \frac{\pi \cdot d^2}{4} \cdot (l - 6) = \infty\, 100\, \text{kg},$$

d und l in Dezimeter gemessen.

Die Führung $60 \cdot 36 = 2160$ qcm hat den Druck

$$Q - A = 100 \ \text{kg}$$

aufzunehmen:

$$k = 0{,}046 \ \text{kg/qcm}.$$

4. Saugwirkung.

Die sog. Saugwirkung der Pumpen beruht auf dem von der Atmosphäre auf das Wasser ausgeübten Druck. Die Saughöhe ist

---

[1]) Siehe S. 26.

daher vom Luftdruck abhängig. Der Druck von 1 at $= 1$ kg/qcm $= A$ ist imstande, in einem l u f t l e e r e n Rohre von 1 qcm Querschnitt eine Wassersäule von ~ 10 m Höhe und 1 qcm Querschnitt, also 1 kg Gewicht, im Gleichgewicht zu halten. Auf den Oberwasserspiegel wirkt der Druck 0. In einer beliebigen Tiefe, z. B. 1 m unter dem Oberwasserspiegel, herrscht der Druck 0,1 kg/qcm. Wenn das Vakuum in dem Rohre unvollständig ist, wenn z. B. der absolute Luftdruck im Rohre 0,1 at beträgt, so wird der atmosphärische Druck nur einer Wassersäule von 9 m das Gleichgewicht halten können. Die Saughöhe ist hier

$$h_s = 10 - 1 = 9 \text{ m}.$$

Bei der arbeitenden Pumpe muß aber der Luftdruck auch das der Saugleitung zufließende Wasser beschleunigen und die Widerstandshöhe überwinden. Deshalb kann die praktisch zu überwindende Saughöhe nicht größer als 8 m gewählt werden.

5. Gestalt der Wasseroberfläche.

Die Ebene der Wasseroberfläche an irgendeinem Punkte steht senkrecht zu der Mittelkraft sämtlicher an dem Punkte wirkender Kräfte.

a) Ruhendes Wasser.

Es wirken nur der Luftdruck und die Schwerkraft. Der Wasserspiegel ist wagerecht.

b) Wasser in einem beschleunigten Gefäße.

(Beschleunigung nach Richtung des Pfeiles.)

Beispiel. Anfahrender Tender (Fig. 186).

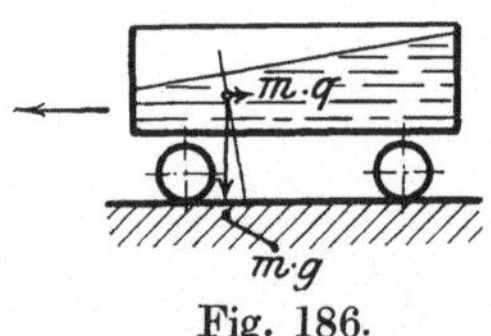

Fig. 186.

Irgendein beliebiges Wasserteilchen von der Masse m drückt auf das unter ihm liegende Wasserteilchen mit der Kraft

$$m \cdot g.$$

Auf das rechts in der Figur von m befindliche Wasserteilchen wirkt der Gegendruck

$$m \cdot q.$$

Trägheitswiderstand, der gleich ist der zur Beschleunigung q der Masse m erforderlichen Kraft.

Der Wasserspiegel stellt sich senkrecht zu der Richtung der Mittelkraft. Bei eintretender Verzögerung neigt sich der Wasserspiegel nach der entgegengesetzten Richtung.

c) Wasser in einem gleichmäßig umlaufenden Gefäße. Fig. 187.

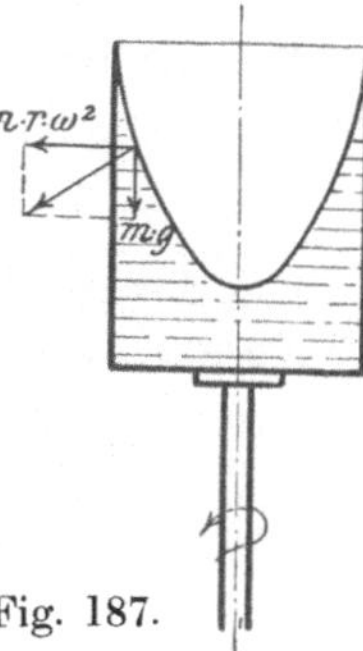

Wirksame Kräfte:

1. Schwerkraft $m \cdot g$.
2. Zentrifugalkraft[1]) $m \cdot r \cdot \omega^2$.

Die Wasseroberfläche bildet ein Umdrehungsparaboloid, entstanden durch Drehung einer Parabel um deren Achse.

Fig. 187.

B. Dynamik der Flüssigkeiten.

1. Wasserbewegung durch Leitungen usw.

Fig. 182. Durch den Sitzquerschnitt f_1 eines Tellerventiles fließt das Wasser mit der Geschwindigkeit v_1. Dann ist die in 1 sk hindurchgeflossene Wassermenge:

$$q_1 = f_1 \cdot v_1,$$
$$f_1 = \frac{\pi \cdot d^2}{4}.$$

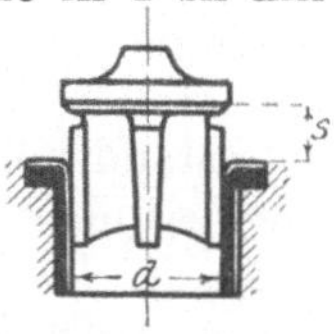

Das zufließende Wasser muß zwischen dem Sitze und dem gehobenen Ventilteller durch den Spaltquerschnitt

Fig. 188.

$$f_2 = \pi \cdot d \cdot s$$

abfließen. Damit der Zusammenhang des Wasserstromes gewahrt bleibt, muß die zufließende Wassermenge gleich der abfließenden sein:

$$f_1 \cdot v_1 = f_2 \cdot v_2 = q,$$

$v_2 = $ Wassergeschwindigkeit im Spaltquerschnitt.

Also:

$$\frac{f_1}{f_2} = \frac{v_2}{v_1}.$$

Die Wassergeschwindigkeiten in den verschiedenen Querschnitten einer Leitung verhalten sich umgekehrt wie die Querschnitte.

Beispiel. Ein Pumpenkolben vom Durchmesser $d_1 = 85$ mm hat die größte Geschwindigkeit $c = 0,8$ m/sk. Das Tellerventil hat den Durchmesser $d_2 = 50$ mm und den Hub $s = 12$ mm.

Der Spaltquerschnitt ist:

$$\pi \cdot d_2 \cdot s = 15,7 \cdot 1,2 = 18,84 \text{ qcm}.$$

-----

[1]) Siehe S. 128.

Der Kolbenquerschnitt ist:

$$\frac{\pi \cdot d_1^2}{4} = 56{,}74 \text{ qcm.}$$

Die der größten Kolbengeschwindigkeit im Spalt entsprechende Wassergeschwindigkeit ist:

$$v = 0{,}8 \cdot \frac{56{,}74}{18{,}84} = 2{,}4 \text{ m/sk.}$$

2. Widerstandshöhe.

Siehe auch Fig. 149. Bei der Bewegung des Wassers durch eine Rohrleitung sind Widerstände zu überwinden, die sich aus der Reibung des Wassers an den Rohrwandungen und aus den Widerständen bei Richtungs- und Querschnittsänderungen zusammensetzen. Die Größe des Gesamtwiderstandes läßt sich messen durch die Höhe einer Wassersäule, deren Druck zur Überwindung des Widerstandes notwendig, die ihm also gleichwertig ist, die sog. Widerstandshöhe, in der Fig. 145 h_w für die Saugleitung, h'_w für die Druckleitung. Die Größe der Widerstandshöhe ist abhängig von der Länge der Leitung und deren Querschnitt bzw. der Größe des vom Wasser benetzten Umfanges des Querschnittes. Die Widerstandshöhe ist abhängig in hohem Grade von der Geschwindigkeit des fließenden Wassers, dagegen nahezu unabhängig von der Wasserpressung. Es ist

$$h_w = \lambda \cdot \frac{l}{d} \cdot \frac{v^2}{2\,g} \cdot$$

$$\lambda = 0{,}02 + \frac{0{,}0018}{\sqrt{v \cdot d}}\,[1]),$$

hierin bedeuten:

l die Rohrlänge in m,
d den Rohrdurchmesser in m,
v die Wassergeschwindigkeit in m/sk.

3. Ausflußgeschwindigkeit.

Fig. 189. Fließt das Wasser unter dem Einfluß eines Gefälles h aus, so wäre die Ausflußgeschwindigkeit:

$$v_t = \sqrt{2\,g\,h},$$

falls das Wasser auf seinem Wege keine Widerstände zu überwinden

---

[1]) Hütte. I. S. 288.

hätte. In Wirklichkeit treten Widerstände auf. Die wirkliche Ausflußgeschwindigkeit ist deshalb geringer, nämlich:

$$v_w = \varphi \sqrt{2\,g\,h}\,.$$

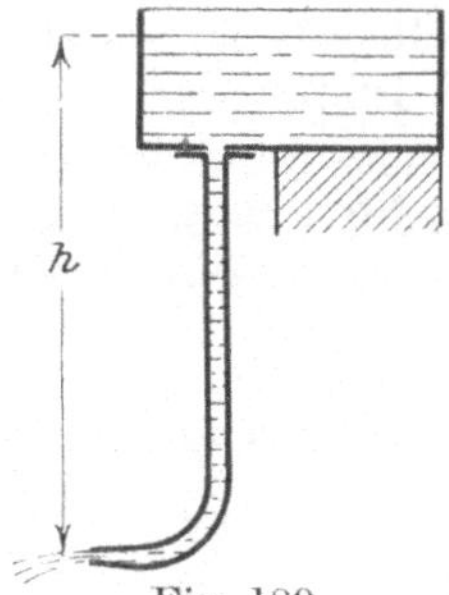

Die Größe von φ (Geschwindigkeitskoeffizient) ist abhängig von dem Zustand der Leitung und der Form der Mündung.

Beispiel. Einem Tangentialrade fließt aus $h = 100$ m Gefälle das Wasser mit $v_w = 42$ m/sk Geschwindigkeit zu. Die theoretische Zuflußgeschwindigkeit wäre:

$$v_t = \sqrt{2 \cdot 9{,}81 \cdot 100} = 44{,}3 \text{ m/sk},$$

der Geschwindigkeitskoeffizient ist:

$$\varphi = \frac{42}{44{,}3} = 0{,}95\,,$$

Fig. 189.

der vorhandenen Wassergeschwindigkeit v_w entspricht ein Gefälle:

$$h' = \frac{v^2{}_w}{2\,g} = \frac{1764}{19{,}62} = 90 \text{ m},$$

$h - h' = 10$ m ist die Widerstandshöhe der Leitung.

4. Ausflußquerschnitt. Zusammenziehung des austretenden Wasserstrahles.

Das Wasser fließt der Öffnung vom Querschnitt f von allen Seiten aus zu. Daraus ergibt sich, daß der Strahlquerschnitt f_1 kleiner ist als f:

$$\frac{f_1}{f} = \alpha\,.$$

α heißt der Kontraktionskoeffizient.

Ausflußmenge.

Ohne Verluste ergibt sich:

$$Q_t = f \cdot v_t\,.$$

In Wirklichkeit ist:

$$Q = f_1 \cdot v_w,$$

$$Q = \mu \cdot Q_t\,.$$

μ heißt der Ausflußkoeffizient:

$$\mu = \varphi \cdot \alpha\,.$$

5. Pressungsenergie des Wassers.

In einem Akkumulator steht das Wasser unter einem Druck von 2 at abs. Es wird einer Wassersäulenmaschine von 1 qdm Kolbenfläche und 1 dm Hub zugeführt. Bei einem Hube wird also 1 l Preßwasser verbraucht. Auf die Gegenseite des Kolbens wirkt atmosphärischer Druck. Am Hubende wird das Preßwasser durch die Steuerung ausgelassen, kommt dann also unter den Druck von 1 at. Die den Kolben treibende Kraft ist:

$$200 - 100 = 100 \text{ kg};$$

die hierbei geleistete Arbeit

$$A = 100 \text{ kg} \cdot 0,1 \text{ m} = 10 \text{ mkg}$$

wird also geleistet, indem 1 l Preßwasser einen Pressungsabfall von 1 at erleidet.

1 l Wasser, das unter atmosphärischer Pressung steht, besitzt demnach auch 10 mkg Energie, die ihm entzogen werden könnten dadurch, daß es einen Kolben in einen luftleeren Raum hineindrückt.

Zu beachten ist, daß das Preßwasser nicht von sich aus arbeitsfähig ist, wie z. B. ein abgeschlossenes Kilogramm Dampf. Das Wasser dient vielmehr als Mittel zur Druckübertragung.

Bezeichnet p den Wasserdruck in at und V die Wassermenge in l, so ergibt sich

$$p \cdot V \frac{\text{kg}}{\text{qcm}} \cdot \text{çdm} = p \cdot \frac{10\,000 \text{ kg}}{\text{m}^2} \cdot V \cdot 0,001 \text{ m}^3 = 10\,p\,V \text{ mkg}.$$

Die in einem Preßwasserakkumulator aufgespeicherte Energiemenge ist abhängig vom Hubinhalt des Akkumulators v und von der Wasserpressung p (Überdruck). Sie wird gemessen in Literatmosphären (lat.).

Beispiel. Ein Preßwasserakkumulator hat einen Hubinhalt von 500 l. Der Überdruck des Preßwassers beträgt $p = 50$ at. Die aufgespeicherte Energie ist dann

$$500 \cdot 50 = 25\,000 \text{ lat}$$

oder

$$250\,000 \text{ mkg}.$$

6. Hydraulischer Druck.

Fig. 190. Der Druck, den das durch eine Rohrleitung fließende Wasser auf die Rohrwandung ausübt, heißt hydraulischer Druck. Er ist geringer als der an derselben Stelle unter dem gleichen Gefälle ausgeübte hydrostatische Druck, der bei ruhendem Wasser wirksam ist. In der Ruhelage besitzt das Wasser Energie vermöge seines Druckes. **Pressungsenergie.** Es kann z. B. in einem an das Rohr angeschlossenen Zylinder einen Kolben verschieben und dadurch einen Widerstand überwinden, also Arbeit leisten. Wenn aber das Wasser mit der dem Gefälle entsprechenden Geschwindigkeit am tiefsten Punkte durch eine wagerechte Leitung fließt, so besitzt es seine ganze Energie als Bewegungsenergie. Es übt dann keinen Überdruck auf die Rohrwandungen aus. Wenn die Wassergeschwindigkeit kleiner ist als die dem betreffenden Gefälle entsprechende Geschwindigkeit, so erleiden die Rohrwände einen inneren Überdruck. Wenn die Wassergeschwindigkeit an einer Stelle größer

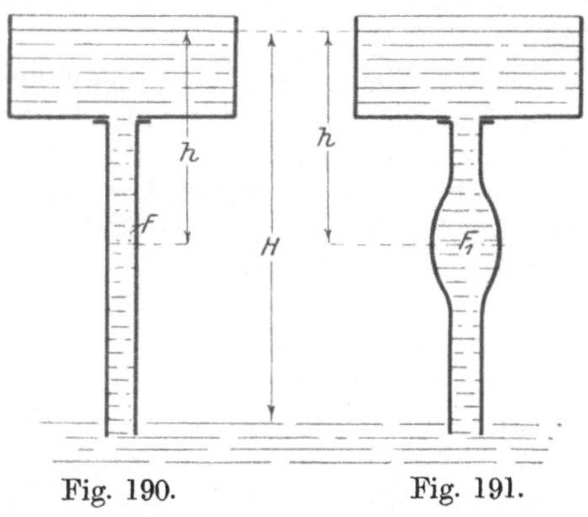

Fig. 190.   Fig. 191.

ist als die dem betreffenden Gefälle entsprechende Geschwindigkeit, so ist der im Inneren der Leitung an dieser Stelle auftretende Druck ein Unterdruck (Saugdruck, kleiner als atmosphärischer Druck).

Der in der Fig. 190 angedeutete Hochbehälter ist durch ein an allen Stellen gleich weites Fallrohr mit dem Unterwasser verbunden. Ober- und Unterwasserspiegel seien durch Zu- und Abfluß auf gleicher Höhe erhalten. Die Ausflußgeschwindigkeit des Wassers aus dem Rohre ist:

$$v = \sqrt{2\,g \cdot H}\,.$$

Angenommen:

$$\varphi = 1\,.$$

In gleichen Zeiten fließen durch alle Querschnitte der Leitung gleiche Wassermengen hindurch. Daher sind hier in allen Querschnitten gleiche Wassergeschwindigkeiten vorhanden. Also ist auch im Querschnitt F:

$$v = \sqrt{2\,g \cdot H}\,,$$

$$H = \frac{v^2}{2\,g}\,.$$

Dem Gefälle h würde nur entsprechen:

$$v_1 = \sqrt{2\,g \cdot h}\,,$$

$$h = \frac{v_1^2}{2\,g}\,.$$

Der hydraulische Druck an dieser Stelle ist also ein Saugdruck, d. h. kleiner als atmosphärischer Druck. Es ist hierbei angenommen, daß das Wasser in dem Hochbehälter keine Geschwindigkeit besitzt.

1 kg des am Oberwasserspiegel in dem Hochbehälter befindlichen Wassers besitzt Arbeitsfähigkeit ausschließlich insofern, als es das zur Verfügung stehende Gefälle H durchfallen kann: Energie der Lage.

In der Ebene des Unterwasserspiegels besitzt dasselbe Wasser keine Energie der Lage mehr, dafür aber Energie der Bewegung oder lebendige Kraft.

Durch die in der Rohrleitung enthaltenen Widerstände wird ein Teil der hydrostatischen Druckhöhe aufgenommen.

Die hydraulische Druckhöhe ist gleich der hydrostatischen Druckhöhe, vermindert um die Geschwindigkeitshöhe und vermindert um die Widerstandshöhe.

Fig. 191. Wenn das Fallrohr an einer Stelle im Querschnitt F_1 eine Erweiterung besitzen würde derart, daß die Geschwindigkeit an dieser Stelle kleiner würde als die dem Gefälle h entsprechende Fallgeschwindigkeit, also

$$v_2 < \sqrt{2\,g \cdot h}\,,$$

so besitzt 1 kg Wasser an dieser Stelle Energie in 3 verschiedenen Formen:

1. Energie der Lage. Das Kilogramm Wasser befindet sich noch um $H - h$ über dem Unterwasser, kann also auch noch diese Höhe durchfallen.
2. Lebendige Kraft infolge seiner an dieser Stelle vorhandenen Geschwindigkeit.
3. Pressungsenergie infolge des hydraulischen Druckes.

Der hydraulische Druck kann in der gleichen Höhe verschieden sein, wenn die Querschnitte verschiedene Größe besitzen.

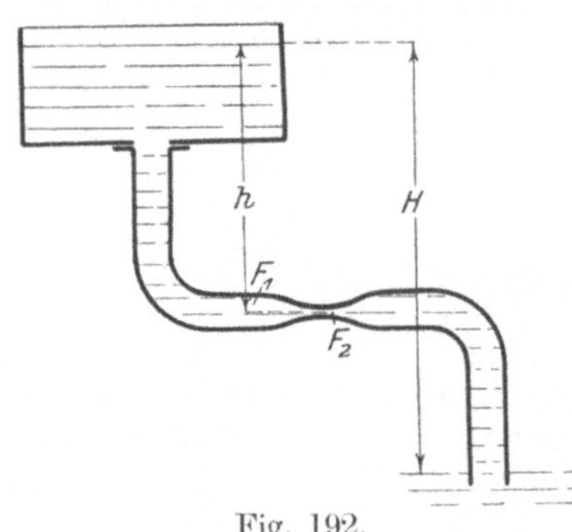

Fig. 192.

Die Geschwindigkeit in dem kleinen Querschnitte F_2 ist größer als diejenige im Querschnitt F_1. Daher ist der hydraulische Druck in F_2 durch Verkleinerung des Querschnittes verkleinert (Fig. 192).

Anwendung: Ejektor.

Beispiel (Fig. 192):

$$H = 6\,\text{m}, \qquad\qquad h = 2\,\text{m}.$$

Der Hochbehälter ist im Verhältnis zum Rohrquerschnitt sehr groß angenommen. Das Wasser im Hochbehälter befindet sich in Ruhe. Das Abflußrohr hat den Durchmesser:

$$d_1 = 100 \, \text{mm}$$

und den Querschnitt:

$$f_1 = 78{,}53 \, \text{qcm.}$$

Die Ausflußgeschwindigkeit ist:

$$v_1 = \sqrt{2\,g \cdot H} = \sim 10{,}8 \, \text{m/sk.}$$

Es ist angenommen, daß das Wasser auf seinem Wege keins Widerstände zu überwinden hat, also an Arbeitsfähigkeit nichte einbüßt. Mit Rücksicht auf die angedeutete Querschnittsverengerung würde das in Wahrheit nicht zutreffen.

In der Tiefe

$$h = 2 \, \text{m}$$

ist ein Querschnitt

$$f_2 = 55{,}4 \, \text{qcm,}$$
$$d_2 = 84 \, \text{mm}$$

angenommen. Hier ist also die Wassergeschwindigkeit:

$$v_2 = v_1 \cdot \frac{78{,}53}{55{,}4} = 15{,}35 \ \text{m/sk}$$

Die Energie von 1 kg Wasser in diesem engen Querschnitt ist demnach:

1. Lebendige Kraft $\dfrac{m}{2} \cdot v_2^2 = \dfrac{1}{9{,}81 \cdot 2} \cdot 15{,}35^2 = 12$ mkg.
2. Energie der Lage 1 kg · 4 m . . . . . = 4 ,,
3. Pressungsenergie absolut . . . . = 0 ,,

$$\underline{\qquad\qquad = 16 \ \text{mkg.}}$$

Die Gesamtenergie kann hier nicht größer sein als oben am Oberwasserspiegel.

Energie von 1 kg Wasser am Oberwasserspiegel:
1. Energie der Lage 1 kg · 6 m . . . . = 6 mkg.
2. Lebendige Kraft . . . . = 0 ,,
3. Pressungsenergie absolut . . . . = 10 ,,

$$\underline{\qquad\qquad = 16 \ \text{mkg.}}$$

Energie von 1 kg Wasser am Auslauf in der Höhe des Unterwasserspiegels:
1. Energie der Lage . . . . = 0 mkg,

2. Lebendige Kraft $\dfrac{m}{2} \cdot v_1^2 = \dfrac{1}{9{,}81 \cdot 2} \cdot 10{,}8^2 \ . . . = 6$,,

3. Pressungsenergie absolut . . . . = 10 ,,

$$\underline{\qquad\qquad = 16 \ \text{mkg.}}$$

Das in einer geschlossenen Leitung z. B. in dem Kanal des Leitapparates einer Zentrifugalpumpe fließende Wasser besitzt seine Energie in den beiden Formen der Wucht $\dfrac{M\,c^2}{2}$ und der Pressungsenergie $10\,p\,V$ (p hier Überdruck) für jedes kg. Dadurch, daß der Querschnitt des Leitapparates nach außen hin erweitert wird, wird

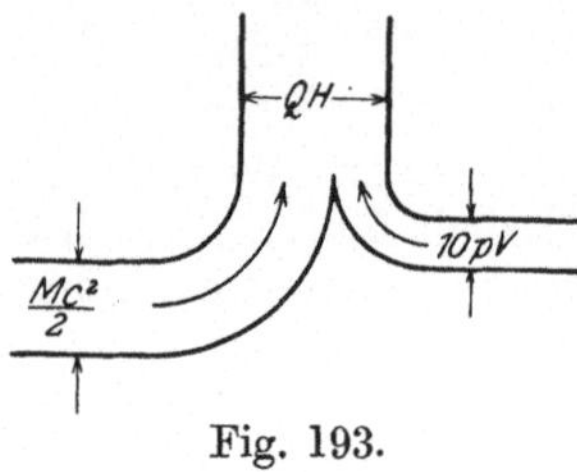

Fig. 193.

die Geschwindigkeit des strömenden Wassers und damit seine Wucht vermindert. Gleichzeitig wird sein hydraulischer Druck und damit seine Pressungsenergie vergrößert. Die Summe beider Energiemengen ist — abgesehen von den Verlusten durch die Widerstände — gleich der Energie der Lage $Q \cdot H$, die das Wasser in der gehobenen Lage im Oberwasserbehälter besitzt. Die Fig. 193 deutet die Umwandlung der einen Energieform in die andere an. Der eine Energiestrom kann schmaler werden; dann wird der andere Energiestrom breiter. Die Summe bleibt die gleiche.

7. Reaktionsdruck[1]).

Fig. 194. Aus einer Rohrleitung vom Ausflußquerschnitt f fließt das Wasser mit der Geschwindigkeit v aus. Die in 1 sk ausfließende Wassermasse ist dann:

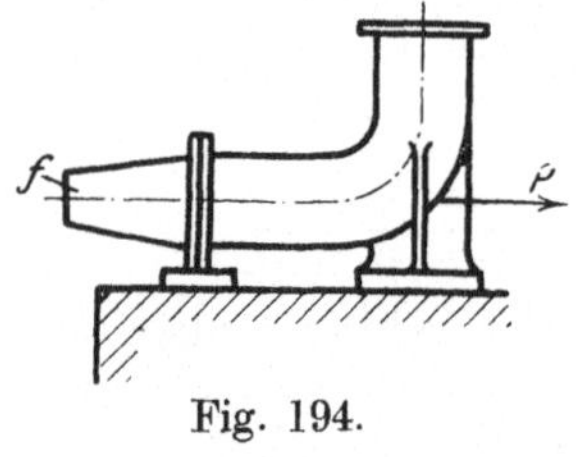

Fig. 194.

$$m = \frac{f \cdot v \cdot \gamma}{g} \cdot 10, \qquad \mu = 1 \text{ angenommen,}$$
$$\gamma = 1 .$$

f ist gemessen in qdm,
$v\ ,,\qquad ,,\qquad ,,$ m/sk.

$$m \cdot v = \frac{\text{Masse}}{\text{sk}} \cdot \frac{\text{Meter}}{\text{sk}} = \text{Masse} \cdot \frac{\text{Meter}}{\text{sk}^2}$$
$$= \text{Masse} \times \text{Beschleunigung.}$$

$m \cdot v$ ist demnach gleich derjenigen Kraft, die notwendig ist, um in 1 sk die Masse m zum Ausfluß zu bringen. Die gleich große entgegengesetzt gerichtete Kraft wird als Reaktionsdruck auf die Rohrleitung ausgeübt:

$$P = m \cdot v = \frac{f \cdot v^2}{g} \cdot \gamma \cdot 10.$$

Wenn h das Gefälle in m bedeutet, so ist:

$$\frac{v^2}{g} = 2 \cdot \mathrm{h}, \qquad \mu = 1,$$

---

[1]) Stephan, Die technische Mechanik II, S. 216.

Der hydrostatische Druck auf die verschlossene Ausflußöffnung ist:

$$P_0 = f \cdot h \cdot 10,$$

$$\boldsymbol{P = 20 \cdot h \cdot f = 2\,P_0}.$$

Der Reaktionsdruck P ist entgegengesetzt gleich dem doppelten hydrostatischen Druck, der bei dem gleichen Gefälle auf den Verschluß der Ausflußöffnung wirkt.

Genauer ist:

$$\boldsymbol{P = 2\,\mu \cdot \varphi \cdot P_0}.$$

Beispiel. Zuflußleitung eines Tangentialrades. Gefälle $h = 100$ m. Ausflußöffnung $f = 0{,}78$ qdm, entsprechend dem Durchmesser $l = 100$ mm. Hydrostatischer Druck auf den Verschluß der Ausflußöffnung:

$$P_0 = 780 \ \text{kg}.$$

Ohne Verluste ist:

Ausflußgeschwindigkeit:

$$v_t = 44{,}3 \ \text{m/sk},$$

sekundliche Ausflußvolumen:

$$f_t \cdot v_t = 0{,}78 \cdot 443 = 346 \ \text{l},$$

sekundliche Ausflußmasse:

$$m_t = \frac{346}{9{,}81} = 35{,}3,$$

Reaktionsdruck:

$$P_t = m_t \cdot v_t = 35{,}3 \cdot 44{,}3 = 1560 \ \text{kg}.$$

Tatsächlich ist:

Kontraktionskoeffizient . . . . $\alpha = 0{,}99,$
Geschwindigkeitskoeffizient . . . . $\varphi = 0{,}95,$
Ausflußkoeffizient . . . . $\mu = \alpha \cdot \varphi = 0{,}94,$
Ausflußquerschnitt:

$$f_1 = 0{,}78 \cdot 0{,}99 = 0{,}77 \ \text{qcm},$$

Ausflußgeschwindigkeit:

$$v_w = \varphi \cdot v_t = \infty\, 42{,}1 \ \text{m/sk},$$

sekundliche Ausflußvolumen:

$$\alpha \cdot f_t \cdot \varphi \cdot v_t = 324 \ \text{l},$$

sekundliche Ausflußmasse:

$$m = \frac{324}{9{,}81} = 33{,}1,$$

Reaktionsdruck:

$$P = m \cdot v = 33{,}1 \cdot 42{,}1 = 1390 \ \text{kg},$$

$$\frac{P}{P_t} = 0{,}892 = \mu \cdot \varphi.$$

8. Strahldruck[1].

Strahldruck gegen eine feste Wand.

Ein zusammenhängender Wasserstrahl, der gegen eine ruhende, ihm senkrecht entgegenstehende Wand strömt, übt auf die Wand einen Strahldruck aus, der gleich ist dem aus der sekundlich zufließenden Wassermasse und deren Geschwindigkeit zu berechnenden Reaktionsdruck. Die gesamte Energie wird zur Formänderung des Wasserstrahles verbraucht (Fig. 195).

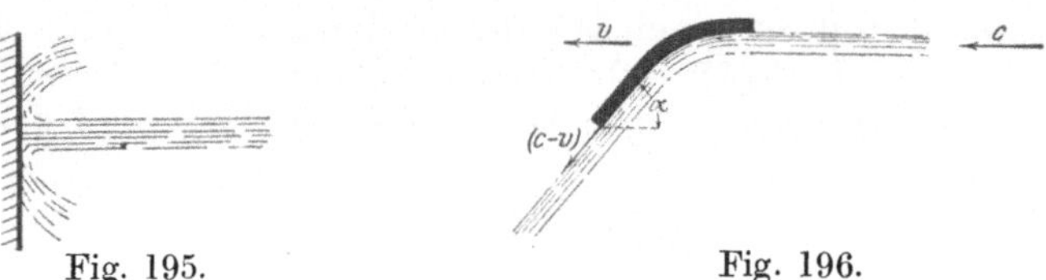

Fig. 195.   Fig. 196.

Strahldruck gegen eine bewegliche Schaufel.

Fig. 196. Ein mit der Geschwindigkeit c fließender Wasserstrahl holt eine in der gleichen Richtung mit der Geschwindigkeit v sich bewegende Schaufel ein.

Annahme:

$$c > v.$$

Die Relativgeschwindigkeit des Wassers gegenüber der Schaufel ist an der Eintrittsstelle

$$c - v.$$

Das Wasser wird durch den Gegendruck der Schaufel allmählich abgelenkt. Der Druck des Wassers auf die Schaufel treibt diese in der Bewegungsrichtung an. Es ist angenommen, daß die Schaufel nur in der Richtung von v sich bewegen kann. Das ist der Fall, wenn die Schaufel am Umfang eines Rades befestigt ist. Wenn die Schaufelfläche glatt ist, so tritt das Wasser auch mit der Relativgeschwindigkeit $c - v$ aus der Schaufel aus. Das Wasser ist an der Ausflußstelle aber um den Winkel α aus seiner ursprünglichen Richtung abgelenkt. Nach Richtung von v ist hier die Seitengeschwindigkeit der Relativgeschwindigkeit:

$$(c - v) \cdot \cos\alpha.$$

In 1 sk fließe die Masse m an der Schaufel entlang[2]. Nach dem Gesetze

$$P = m \cdot p$$

ergibt sich der vom Wasser auf die Schaufel in der Bewegungsrichtung ausgeübte Druck:

$$P = m \cdot (c - v) \cdot (1 - \cos\alpha).$$

[1] Nach „Hütte" I, S. 319.
[2] Siehe Reaktionsdruck. S. 154,

Für
$$\alpha = 90°,$$
d. h. rechtwinklige Ablenkung des Wasserstrahles, ist
$$\cos\alpha = 0,$$
$$P = m \cdot (c - v).$$
Für
$$\alpha = 180°$$
ist
$$\cos = -1,$$
$$P = 2\,m \cdot (c - v).$$

Durch die Umlenkung des Wasserstrahles läßt sich der Schaufeldruck verdoppeln.

Das ist annähernd der Fall bei den Schaufeln der Peltonräder (Fig. 197). Die Richtung der Relativbewegung des Wassers wird hier annähernd umgekehrt. Der von dem durchströmenden Wasser auf die Schaufel ausgeübte Druck wird dadurch vergrößert. Die vom Wasser auf die Schaufel übertragene Arbeit wird am größten, wenn

$$v = \frac{c}{2}.$$

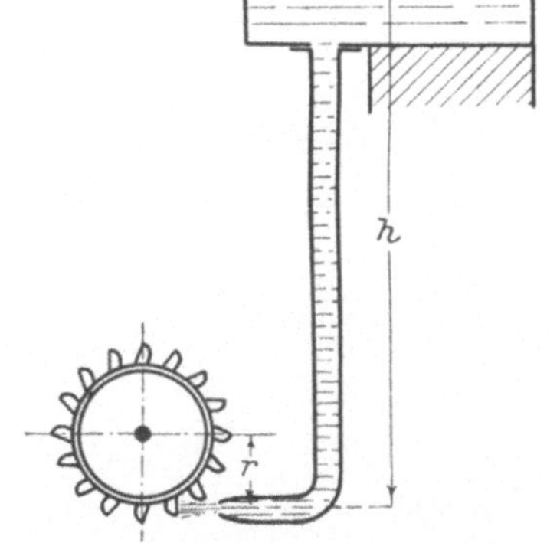

Fig. 197a.

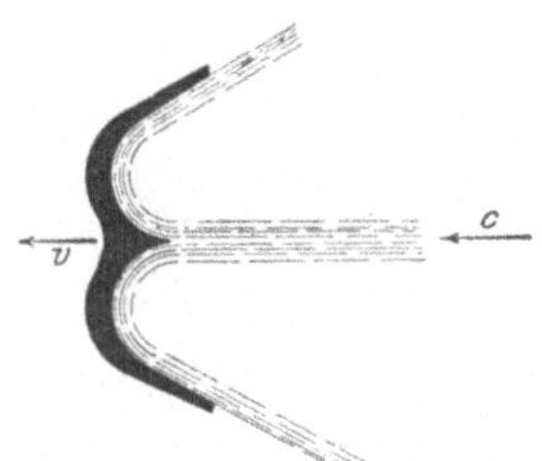

Fig. 197 b.

Dann besitzt das Wasser nach dem Durchfließen der Schaufel keine absolute Geschwindigkeit, also auch keine lebendige Kraft mehr. Es hat sein ganzes Arbeitsvermögen

$$\frac{m \cdot c^2}{2}$$

an die Schaufel und damit an das Rad abgegeben.

Wenn die Schaufelgeschwindigkeit gleich der Wassergeschwindigkeit wäre, so könnte das Wasser die Schaufel gar nicht einholen, also auch keine Arbeit auf sie übertragen.

Die technische Mechanik des Maschineningenieurs mit besonderer Berücksichtigung der Anwendungen. Von Dipl.-Ing. **P. Stephan,** Regierungsbaumeister, Professor. In 4 Bänden.
Erster Band: **Allgemeine Statik.** Mit 300 Textfiguren. 1921.
Gebunden Preis M. 40.—
Zweiter Band: **Die Statik der Maschinenteile.** Mit 276 Textfiguren. 1921.
Gebunden Preis M. 54.—
Dritter Band: **Die Grundzüge der Bewegungslehre und die Dynamik starrer Körper.** Mit 264 Textfiguren. 1921. Gebunden Preis M. 61.—
Vierter Band: **Festigkeitslehre.** Erscheint im Winter 1921/22

Leitfaden der Mechanik für Maschinenbauer. Mit zahlreichen Beispielen für den Selbstunterricht. Von Prof. Dr.-Ing. **Karl Laudien** in Breslau. Mit 229 Textfiguren. 1921. Preis M. 30.—

Einführung in die Mechanik mit einfachen Beispielen aus der Flugtechnik. Von Prof. Dr. **Th. Pöschl** in Prag. Mit 102 Textabbildungen. 1917. Preis M.5.60

Lehrbuch der technischen Mechanik. Von Prof. **M. Grübler** in Dresden.
Erster Band: **Bewegungslehre.** Zweite, verbesserte Auflage. Mit 144 Textfiguren. 1921. Preis M. 22.—
Zweiter Band: **Statik der starren Körper.** Mit 222 Textfiguren. 1919. Preis M. 18.—
Dritter Band: **Dynamik starrer Körper.** Mit 77 Textfiguren. 1921.
Preis M. 24.—

Autenrieth-Ensslin, Technische Mechanik. Ein Lehrbuch der Statik und Dynamik für Maschinen- und Bauingenieure von **Ed. Autenrieth.** Dritte Auflage. Neubearbeitet von Professor Dr.-Ing. Max Ensslin in Stuttgart. Mit etwa 300 Textfiguren. Erscheint im Winter 1921

Aufgaben aus der technischen Mechanik. Von Professor **Ferd. Wittenbauer** in Graz.
Erster Band: **Allgemeiner Teil.** 843 Aufgaben nebst Lösungen. Vierte, vermehrte und verbesserte Auflage. Mit 627 Textfiguren. Unveränderter Neudruck. 1920. Gebunden Preis M. 36.—
Zweiter Band: **Festigkeitslehre.** 611 Aufgaben nebst Lösungen und einer Formelsammlung. Dritte, verbesserte Auflage. Mit 505 Textfiguren. Unveränderter Neudruck. 1921. Gebunden Preis M. 39.—
Dritter Band: **Flüssigkeiten und Gase.** 634 Aufgaben nebst Lösungen und einer Formelsammlung. Dritte, vermehrte und verbesserte Auflage. Mit 433 Textfiguren. 1921. Gebunden Preis M. 50.—

Technische Thermodynamik. Von Professor Dipl.-Ing. **W. Schüle.**
Erster Band: **Die für den Maschinenbau wichtigsten Lehren nebst technischen Anwendungen.** Vierte, neubearbeitete Auflage. Mit 225 Textfiguren und 7 Tafeln. 1921. Gebunden Preis M. 105.—
Zweiter Band: **Höhere Thermodynamik** mit Einschluß der chemischen Zustandsänderungen nebst ausgewählten Abschnitten aus dem Gesamtgebiet der technischen Anwendungen. Dritte, erweiterte Auflage. Mit 202 Textfiguren und 4 Tafeln. 1920. Gebunden Preis M. 75.—

Leitfaden der technischen Wärmemechanik. Kurzes Lehrbuch der Mechanik der Gase und Dämpfe und der mechanischen Wärmelehre. Von Professor Dipl.-Ing. **W. Schüle.** Dritte, verbesserte Auflage. Mit 93 Textfiguren und 3 Tafeln. Erscheint Anfang 1922

Lehrbuch der Mathematik. Für mittlere technische Fachschulen der Maschinenindustrie. Von Professor Dr. **R. Neuendorff** in Kiel. Zweite, verbesserte Auflage. Mit 262 Textfiguren. 1919.
Gebunden Preis M. 12.—

Planimetrie mit einem Abriß über die Kegelschnitte. Ein Lehr- und Übungsbuch zum Gebrauch an technischen Mittelschulen. Von Dr. **Adolf Heß,** Professor am kantonalen Technikum in Winterthur. Zweite Auflage. Mit 207 Textfiguren. 1920. Preis M. 6.60

Trigonometrie für Maschinenbauer und Elektrotechniker. Ein Lehr- und Aufgabenbuch für den Unterricht und zum Selbststudium. Von Dr. **Adolf Heß,** Professor am kantonalen Technikum in Winterthur. Dritte Auflage. Unveränderter Neudruck. In Vorbereitung

Die Technologie des Maschinentechnikers. Von Professor, Ingenieur **Karl Meyer** in Köln. Fünfte, verbesserte Auflage. Mit 431 Textfiguren. 1921. Gebunden Preis M. 28.—

Die Berechnung der Drehschwingungen und ihre Anwendung im Maschinenbau. Von **Heinrich Holzer,** Oberingenieur der Maschinenfabrik Augsburg-Nürnberg. Mit vielen praktischen Beispielen und 48 Textfiguren. 1921. Preis M. 60.—; gebunden M. 68.—

Der Dreher als Rechner. Wechselräder-, Touren-, Zeit- und Konusberechnung in einfachster und anschaulichster Darstellung; darum zum Selbstunterricht wirklich geeignet. Von **E. Busch.** Mit 28 Textfiguren. 1919.
Gebunden Preis M. 8.40

Die Grundzüge der Werkzeugmaschinen und der Metallbearbeitung. Von Professor **Fr. W. Hülle** in Dortmund. In zwei Bänden. Dritte, vermehrte Auflage.
Erster Band: **Der Bau der Werkzeugmaschinen.** Mit 240 Textabbildungen. 1921. Preis M. 27.—
Zweiter Band: **Die wirtschaftliche Ausnutzung der Werkzeugmaschinen in der Metallbearbeitung.** In Vorbereitung

Die Werkzeugmaschinen, ihre neuzeitliche Durchbildung für wirtschaftliche Metallbearbeitung. Ein Lehrbuch. Von Professor **Fr. W. Hülle** in Dortmund. Vierte, verbesserte Auflage. Mit 1020 Abbildungen im Text und auf Textblättern, sowie 15 Tafeln. Unveränderter Neudruck 1920.
Gebunden Preis M. 102.—